亚太景观设计年鉴上

亚太建筑出版有限公司编著

Asia-Pacific Landscape Design Yearbook

中国林业出版社

图书在版编目（CIP）数据

亚太景观设计年鉴 / 亚太建筑出版有限公司 主编. —— 北京 ：中国林业出版社，2011.5

ISBN 978-7-5038-6157-4

Ⅰ. ①亚… Ⅱ. ①亚… Ⅲ. ①景观设计－作品集－亚太地区－现代 Ⅳ. ①TU986.2

中国版本图书馆CIP数据核字(2011)第074922号

中国林业出版社·建筑与家居图书出版中心
责任编辑：李　顺
电话、传真：(010) 83223051

出　版：中国林业出版社（100009 北京西城区德内大街刘海胡同7号）
网　站：http://lycb.forestry.gov.cn/
印　刷：深圳市金星印刷有限公司
　　　　深圳市华森美印刷有限公司
发　行：新华书店北京发行所
电　话：(010) 83224477
版　次：2011年1月第1版
印　次：2011年1月第1次
开　本：889mm×1194mm 1/16
印　张：34
字　数：450千字
定　价：392.00元

环境景观规划

城市公园及绿地景观

休闲度假景观

商业景观

滨水景观

道路景观

区域规划及城市设计

居住区景观

综合性居住区

居住区景观

创造美好生活

——记《亚太景观设计年鉴》

自20世纪末至今，我国的经济一直处于蒸蒸日上之势，快速的城市化进程，使得我国景观行业得到了空前的发展。在这个过程中，景观行业的实践与理论发展取得了一定的成绩，但也造成了很多遗憾。今天，我们也应该对城市景观的实践进行必要的反思，以更冷静的态度和更正确的价值观去审视这些实践，不要盲目的被眼前短期利益冲昏头脑。

近年来国家提出的“可持续性”意识也不断注入进了我们新的景观设计中。我们生活的不是完全追求实用，也不是追求极尽的奢华，而是真正的可持续发展，我想，这也将一如既往成为我们每个景观设计人员的宗旨。

这也是我们组织编写这本书的目的所在，每选一个案例我们都要考察其是否做到了空间的优化，是否更加人性化，是否真正做到了可持续性。从每个景观的选址，及其整体规划，至每个细部设计，都作了全面的介绍。我们不求所谓的高雅与奢华，而是真正为我们创造美好的生活。

编著者

2011年4月

天津空港城市中心公园

设计公司：泛亚国际
项目地点：天津市
项目面积：40万平方米

由泛亚国际设计的天津空港加工区西湖滨水公园和行政服务中心市民广场项目现已全面竣工。

作为天津大都市扩大的新贸易区和北方航空业的“中心”，天津空港加工区是集行政、后勤、航空等相关商业为一体的多功能新城市生活中心。EADG设计的公园位于其中心，包括引人注目的新“核心”——市民广场和新城市的“灵魂”——占地40万平方米的新城市中心湖公园。继2008年在国际设计投标中拔得头筹后，EADG又被天津空港加工区建设办公室聘请为设计方，提供全部的设计服务，直至2010年项目实施完成。本设计方案，借鉴中国传统诗歌中飞鸟秋水的意境同时又融合航空工业中的现代风格，由此产生的城市设计很好地体现了传统与现代的对话。

本方案为中国城市生活中心的建设提供了前瞻性的基准。

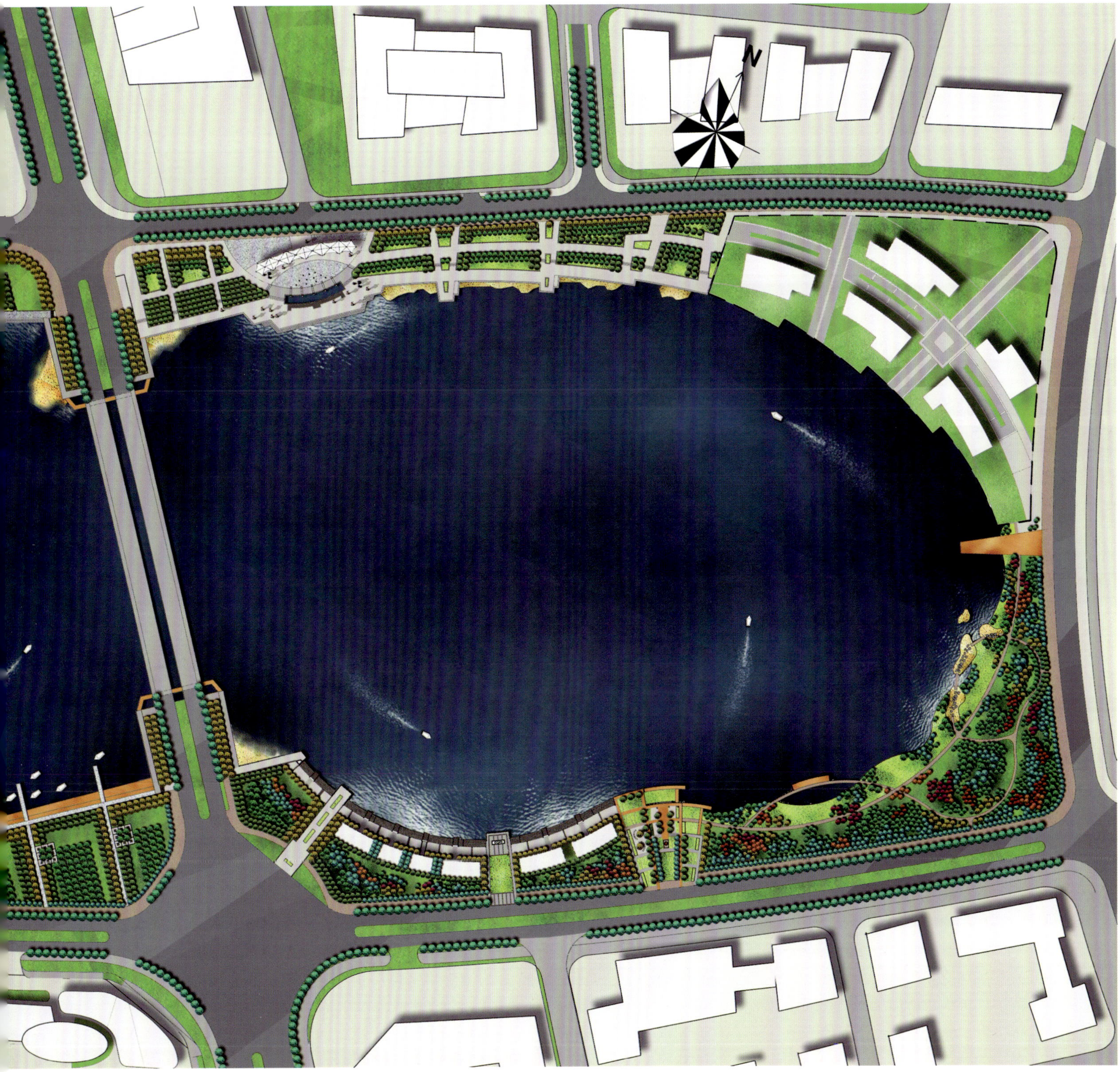
N

融侨公园

设计公司：成都景虎景观设计有限公司
项目地点：重庆市
项目面积：12万平方米

项目位于重庆市南岸新区融侨半岛铜元局片区，总占地面积约12万平方米。设计者通过对融侨公园的区位、交通、现状资源以及规划区域用地条件的综合分析，发现公园周边正在逐步形成多个高档住宅小区，不久的将来将会聚集大量的居住人口，并且紧邻公园的场地即将成为未来南岸区的艺术中心所在地。

在尊重场地的现状基础上，设计师将主题定为——“体验城市与艺术、运动与生态之美”。是希望融侨公园能带给每一个到这里游玩的居民不一样的环境体验，即更艺术，更运动，更生态的感受。

整个公园以一湖，两轴为主线，沿湖共划分为6个区域。

一湖即融侨公园的内湖，由于湖面的面积占到了公园总面积的1/3左右，当之无愧是整个融侨公园的“水之灵魂”，所有的活动都环湖而展开：多样性的滨水开放空间、公共空间与私密空间分布于内湖不同的区域，从而最大程度地实现公园的全天候功能。另外湖水底部的水下森林也是公园的一个亮点所在，结合动物、鱼类和湿地水生植物设计，形成生态水系统，展示更科学、更生态，更具观赏性的湿地景观。

两轴即“城市与艺术之轴”、“运动与生态之轴”。6区分别为主入口区、情景游湖区、全民健身区、艺术观演区、生态溪谷区和景观生态林。6个区域呈环湖状分布，两个轴线为视线通廊，主道路结合木质栈道环湖而行，将6个区域有序地连接，使各个空间各具特色，又相互联系，形成一个完整的公园绿地。

N

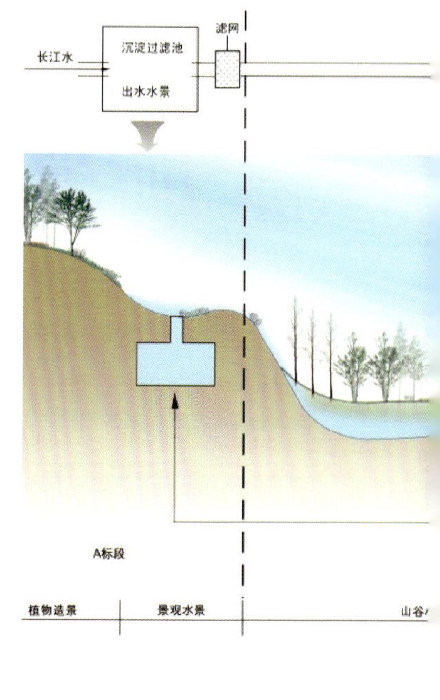
滤网
长江水
沉淀过滤池
出水水景
A标段
植物造景
景观水景
山谷

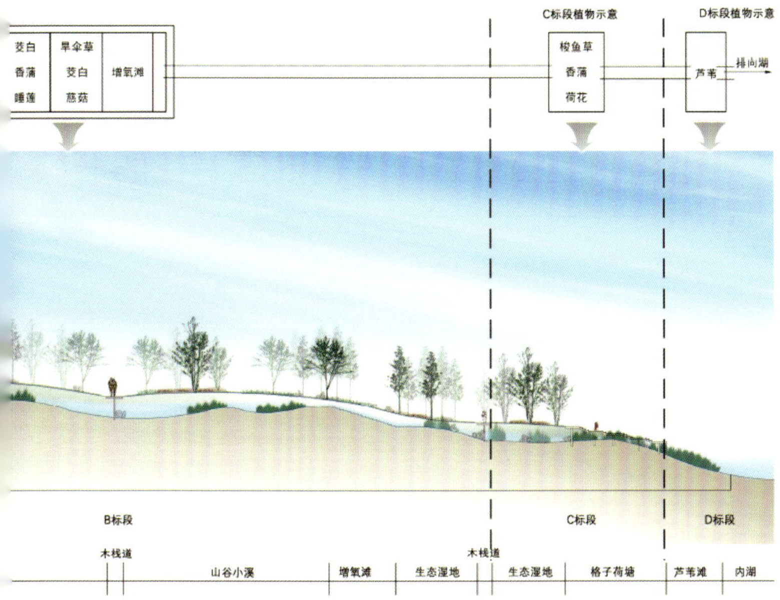
C标段植物示意
D标段植物示意
茭白
香蒲
睡莲
旱伞草
茭白
慈菇
增氧滩
梭鱼草
香蒲
荷花
芦苇
排向湖
B标段
C标段
D标段
木栈道
木栈道
山谷小溪
增氧滩
生态湿地
生态湿地
格子荷塘
芦苇滩
内湖

世博公园

设计公司：荷兰尼塔（NITA）设计集团
中方合作设计公司：上海市园林设计院
上海市政工程设计研究总院
上海市浦东建筑设计研究院
项目地点：上海市
项目面积：29万平方米

本方案的设计构思中运用了“滩”、“扇”两大独特的概念。将抬升的扇形基地比拟为折扇的扇面，把按风向走势而特意设置的乔木引风林比拟为扇骨，整个公园沿黄浦江面缓缓升起并展开，如同中国传统折扇优雅地在轻舞的微风中打开，在雅致的扇骨下呈现出立体的水墨山水画。设计中还将各种设计元素用“滩”的概念联系在一起，组合形成有机的系统，将自然生态与城市人类活动完美融合。

折扇形基地呈扇面状展开，从江面开始逐步朝浦明路抬高，将按风向设置引风林比拟为扇骨，将“滩”的构图比拟为中国山水画。将道路、场所、设施、绿化等元素用“滩”的概念组织在一起，做到自然生态与城市人类活动完美的融合。

基础
Base

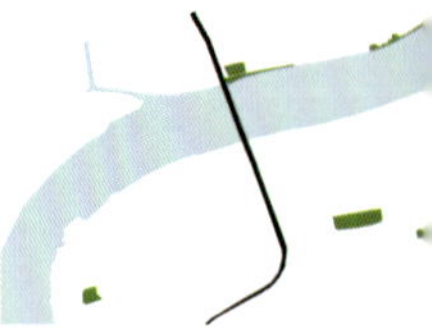

基础
Base

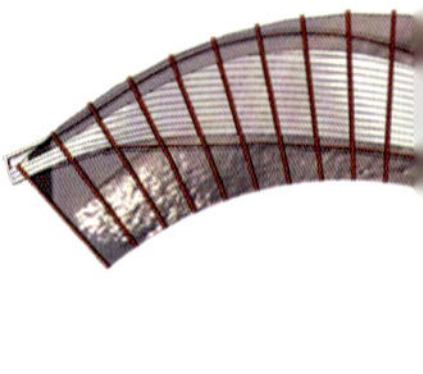

进 程
Process

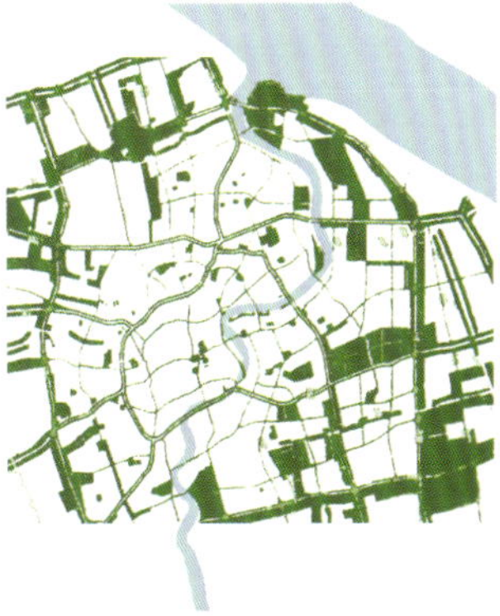

进 程
Process

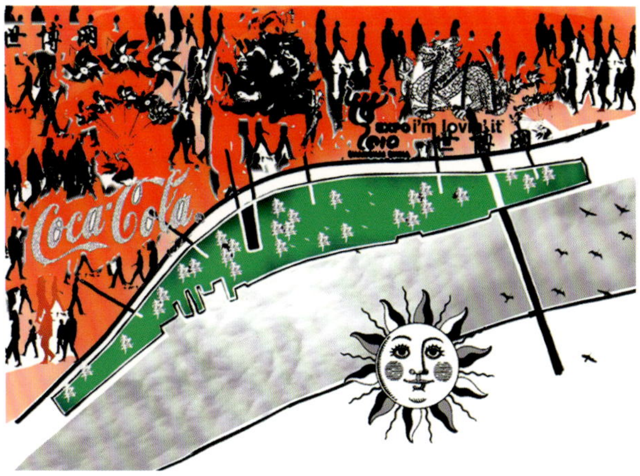

目 标
Target

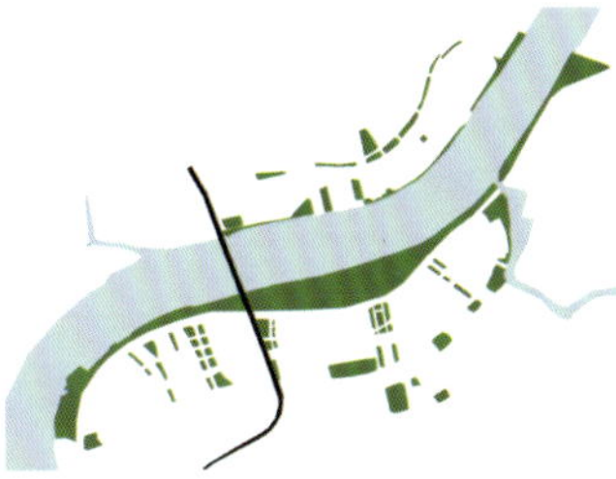

进 程
Process

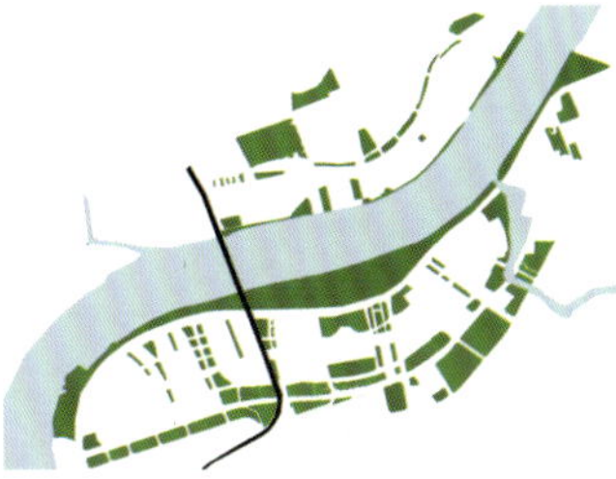

进 程
Process

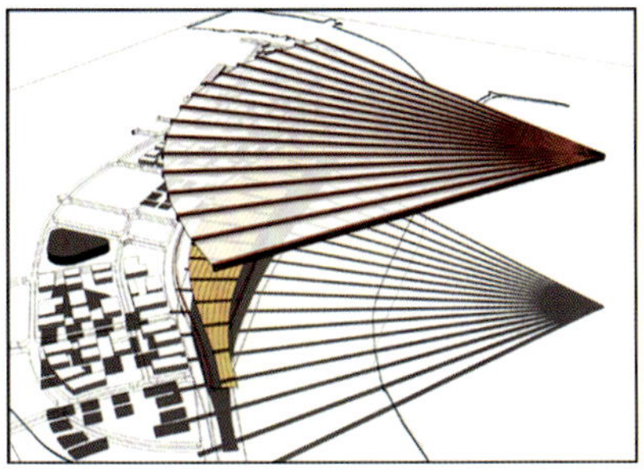

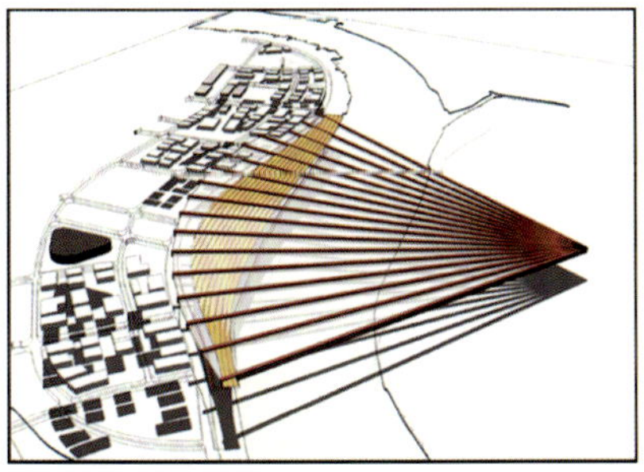

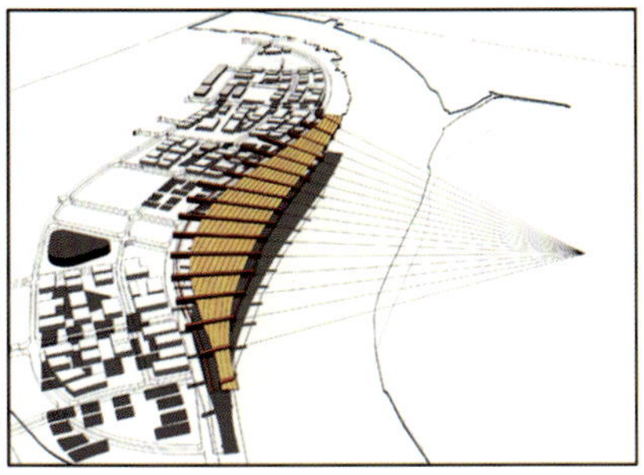

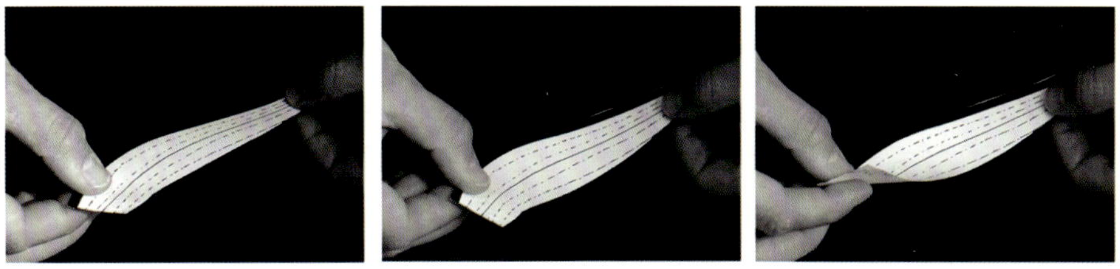

FLAT LAND
平展

TRIBUNE
抬升

ICON
扭曲

Skyline
天际线

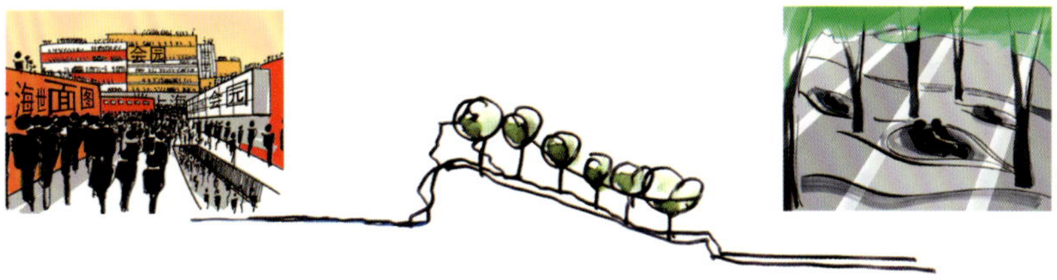

昆山思常公园

设计公司：艺普得（上海）城市设计咨询有限公司
项目地点：江苏省昆山市
项目面积：4.4万平方米

中国社会进程的快速发展不但加快了人们的生活节奏，就连都市景观也以超乎想像的速度在更新和变化。人们在街上和公园里看到的都是已经成材的植栽，喷泉和人工湖则成为人们印象中与水相关的景观。新世代的人们在这样的转变过程中渐渐失去了对自然万物生长过程和其原来面貌的认知和感受。

思常公园位于昆山西部核心区并毗邻中央商务区，这样的地理位置决定了公园的功能和设计方向是强调水和自然生物在都市中的重要性，并将其打造为自然生态的都市花园。因此，思常公园的景观设计强调和细化了自然界万物的生长过程，其中公园中部区域集中布置了湿地展示区、苗圃展示区、农作物耕种展示区等各类功能区，以展示自然生物的生长环境及其生长周期以及水对于城市发展的重要性。

我们为公园周边中小学校的学生和附近社区的居民提供了参与各类农林植物的耕种、播种、维护、管理、研究和监测等各项科普性工作的机会。农作物示范区附近还设置了小型餐厅，参与者还有机会亲口品尝到产自园内实验田的新鲜农产品。公园内还规划设置了一些信息资讯处，以视频或数字技术形式发布和宣传各类公园信息资讯。另外我们还展示了一些环保设计理念的具体做法，如利用城市中可循环材料来建造动植物栖息地和花园等。

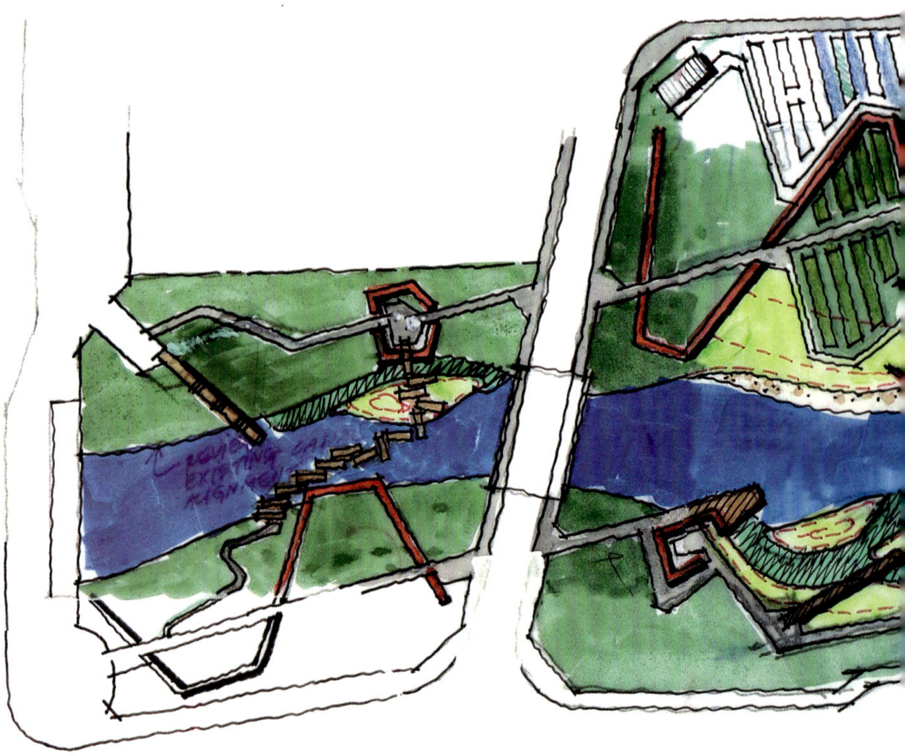

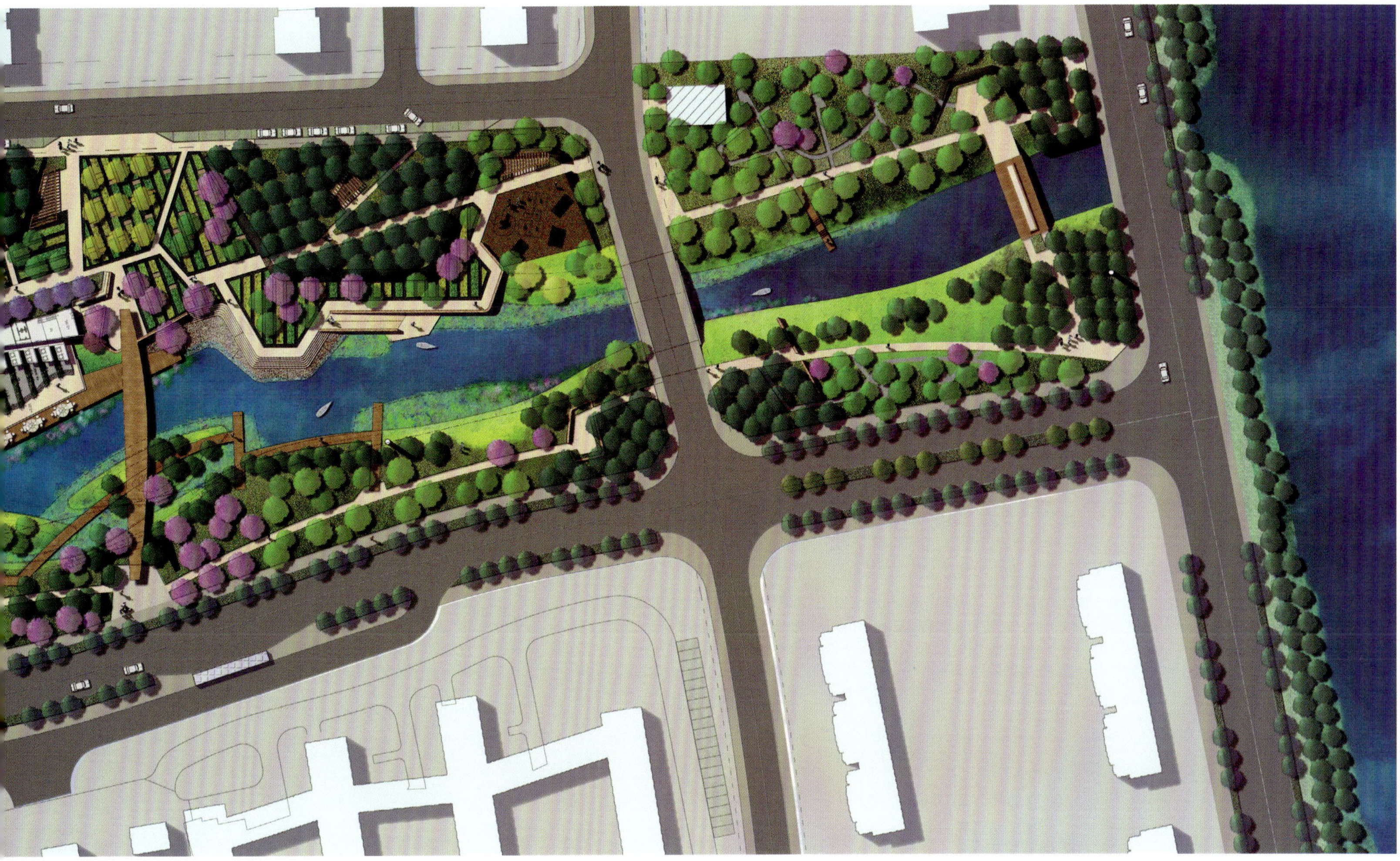

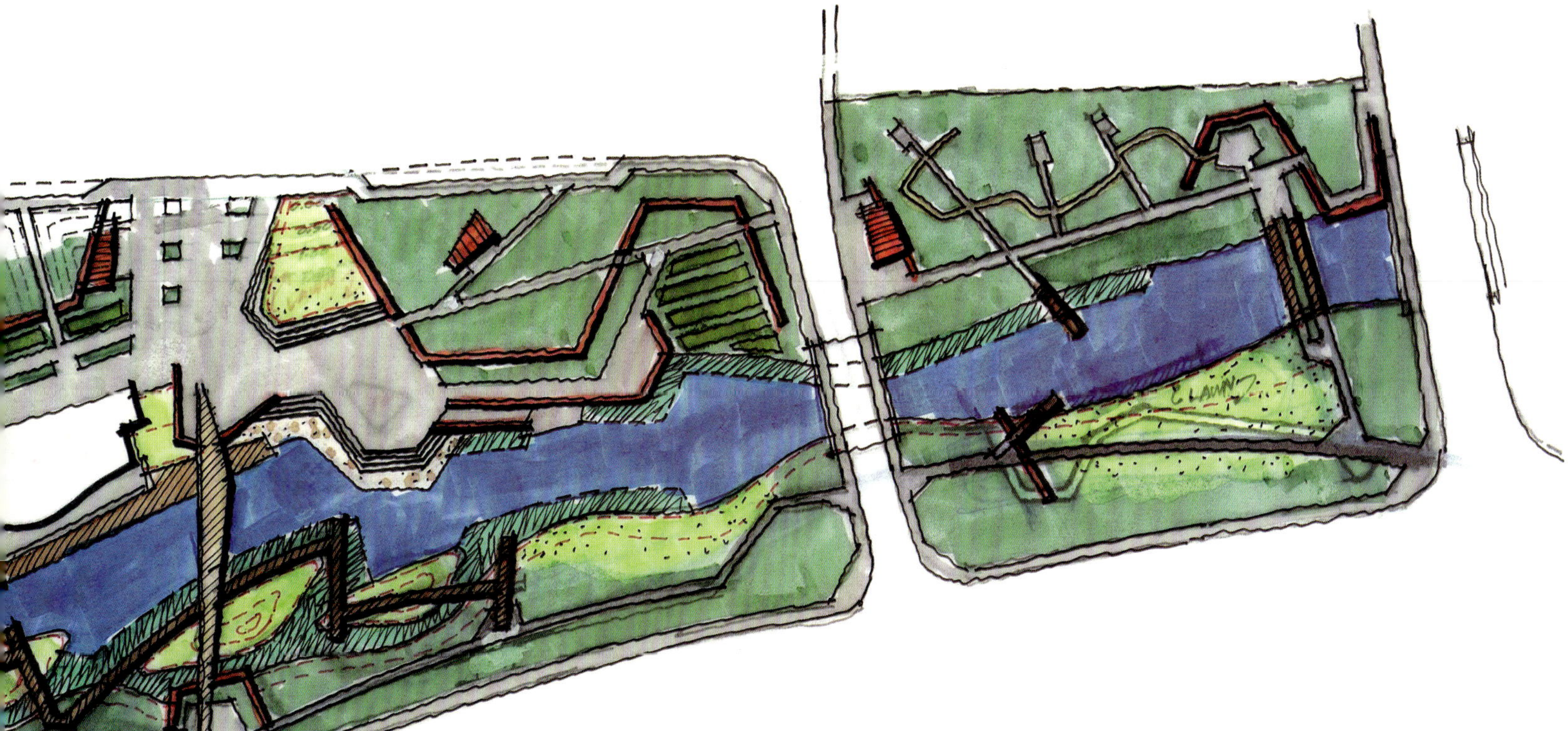

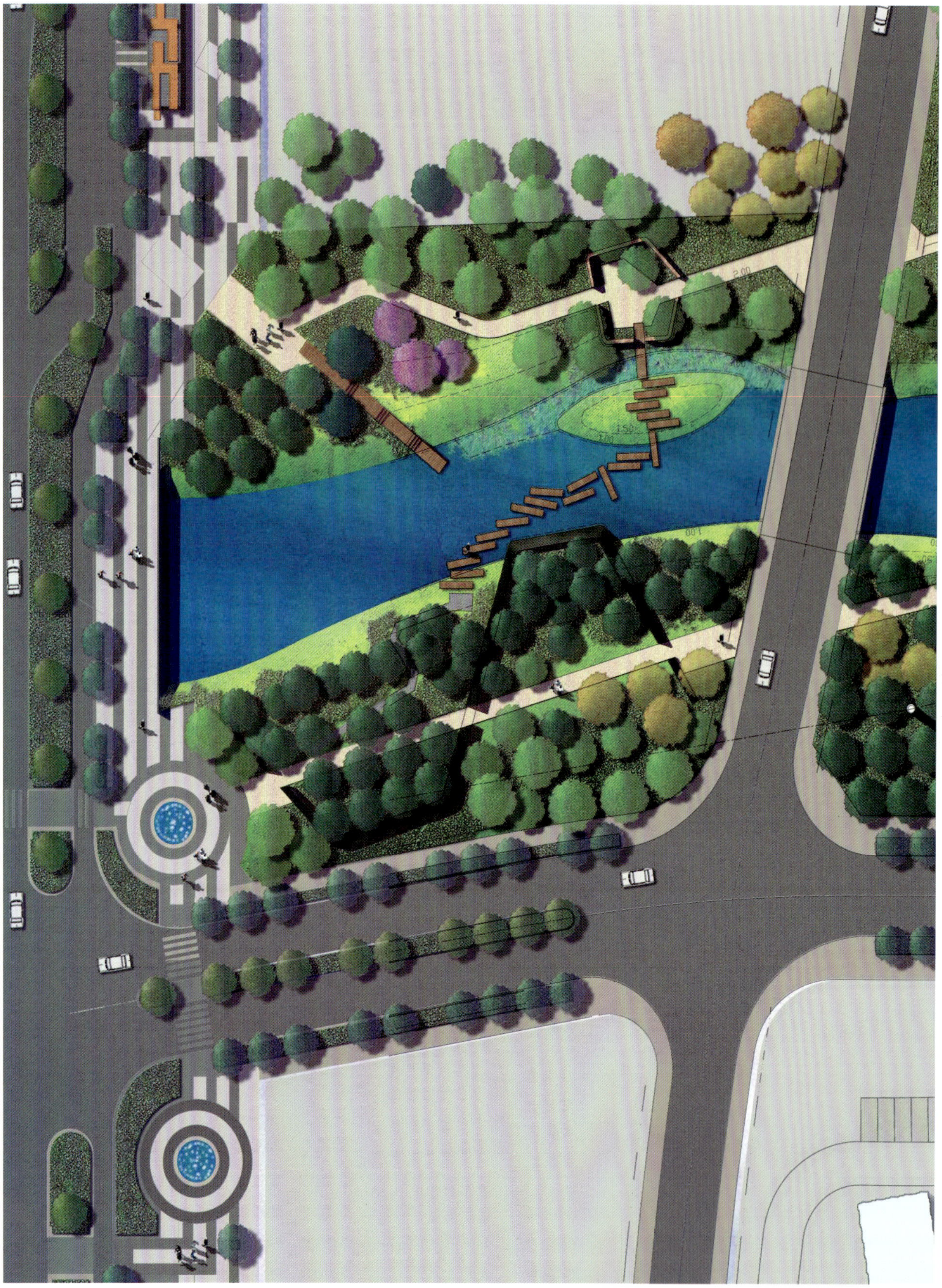

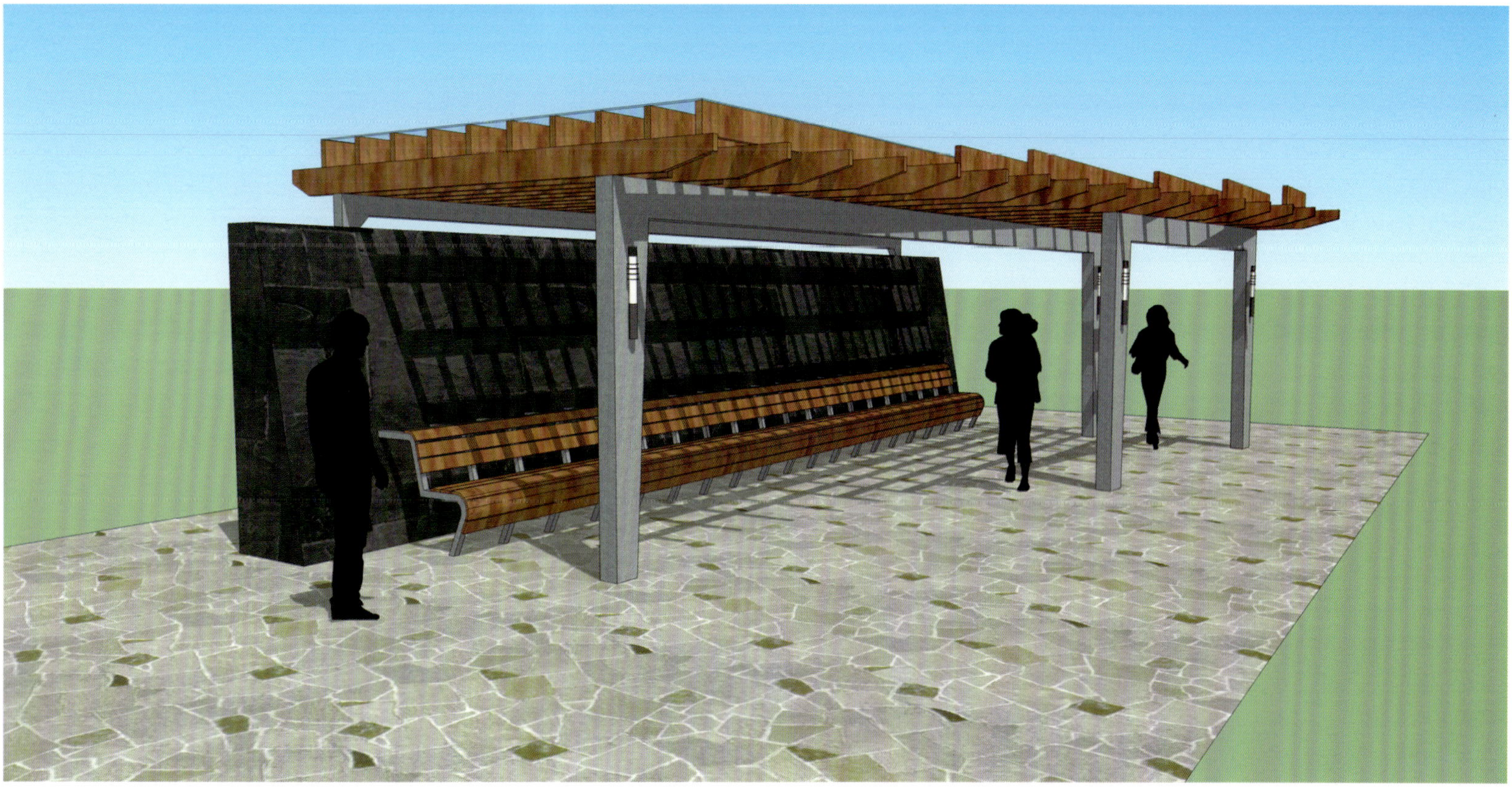

芜湖商务文化中心区中央公园

设计公司：加拿大奥雅景观规划设计事务所
项目地点：安徽省芜湖市中心城区
项目面积：48万平方米

本项目位于芜湖市中心城区以东的城东新区，是芜湖未来的城市行政、文化、商务中心，兼有休闲娱乐、体育、居住等多种功能。设计范围是神山东路、神山南路、扁担河、赤铸山路所围合的区域，总设计面积6.6平方公里，其中中央公园部分约48万平方米，本项目所希望达到的目标是：

1.使城东新巴成为面向21世纪的、现代化、高效率的花园式综合型新城区；

2.创造宜人的人居休闲环境，烘托现代城市氛围，彰显城市独特魅力；

3.提供多样化、多功能的城市活动场所；

4.创造写意的城市休闲空间；

5.鼓励人文与生态的互动与交流。

站在神山上，我们仿佛看到一条　“山水之间的绿飘带”，从神山上飘然而下，将大自然赋予的“真实片段”带到我们生活的公共空间里，让我们能够在咫尺间体验大自然的力量和时空变化之韵律。

设计旨在以穿梭于山水之间的绿飘带为背景，营造体现天人合一、自然回归、大地艺术、人文展台的大型都市公共空间。实现生态和人文空间互相映照，打造人文与自然结合的带状城市公园。

天人合一

起始于神山，我们沐浴着阳光，沿着溪流叠瀑、生机盎然的花径，在漫步中感受其间别样风景。来到清美的山泉旁休息片刻，于山脚下感叹自然湖优美的湖光山色。

自然回归

我们在这里与自然交流，从认知植物开始，参与其中。同时，这里也是鸟类和野生动物栖息的场所。人们可以在此与动物们亲密相处，享受无穷野趣。

大地艺术

我们利用土方营造地形，形成坡地艺术景观，创造几何图形的美，同时有利于场地排水。在绿地中，利用地形建立暴雨蓄水池，补充地下水。

人文展台

我们喜欢在自然背景中展示我们的创作艺术，这里有不同主题的雕塑展示园、名人文化园。中央公园里水岸、沙滩、灯火、人声、水声、钟乐、水鸟奏响了优美的自然人文交响曲，夜景喷泉、烟花、露天舞台的表演组合成令人惊喜的场景。

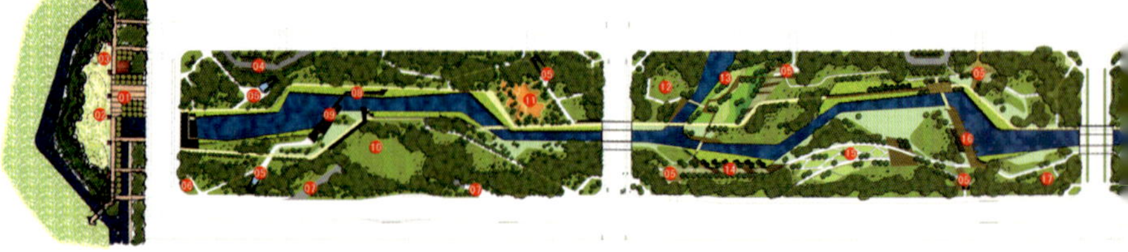

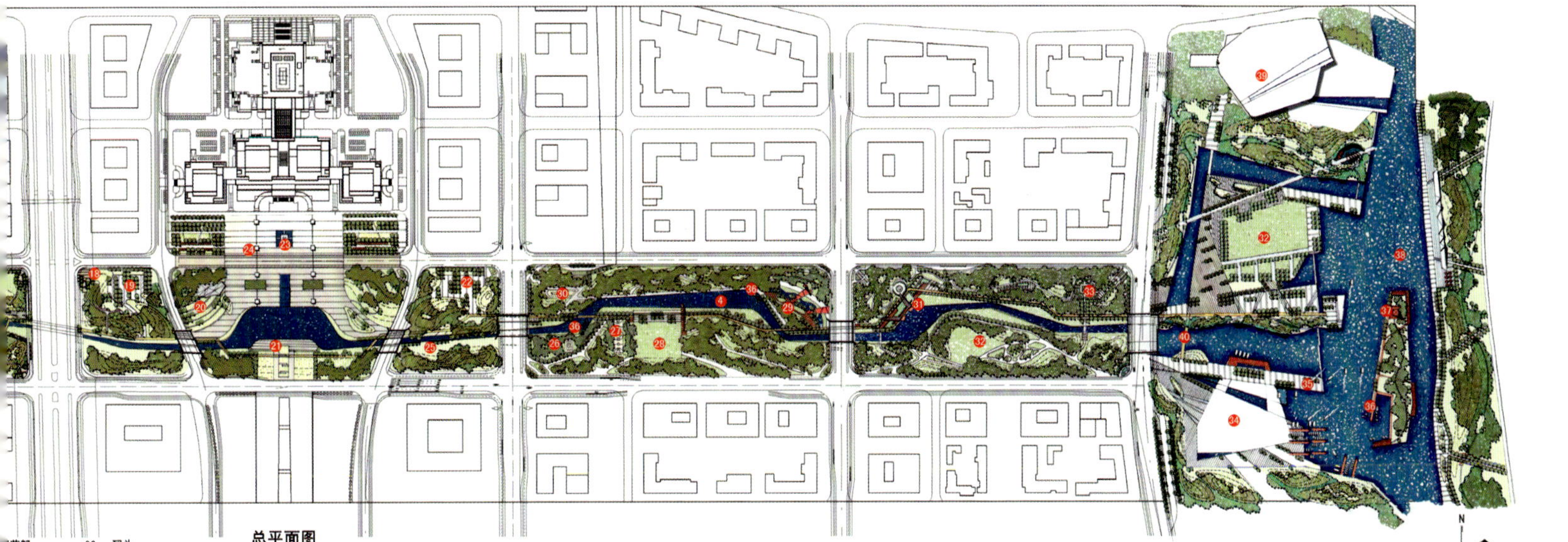

总平面图

	花架	36	码头
	草坪	37	景观塔楼
	谜园	38	龙船道
	中心	39	游泳馆
	观景平台	40	景观栈桥

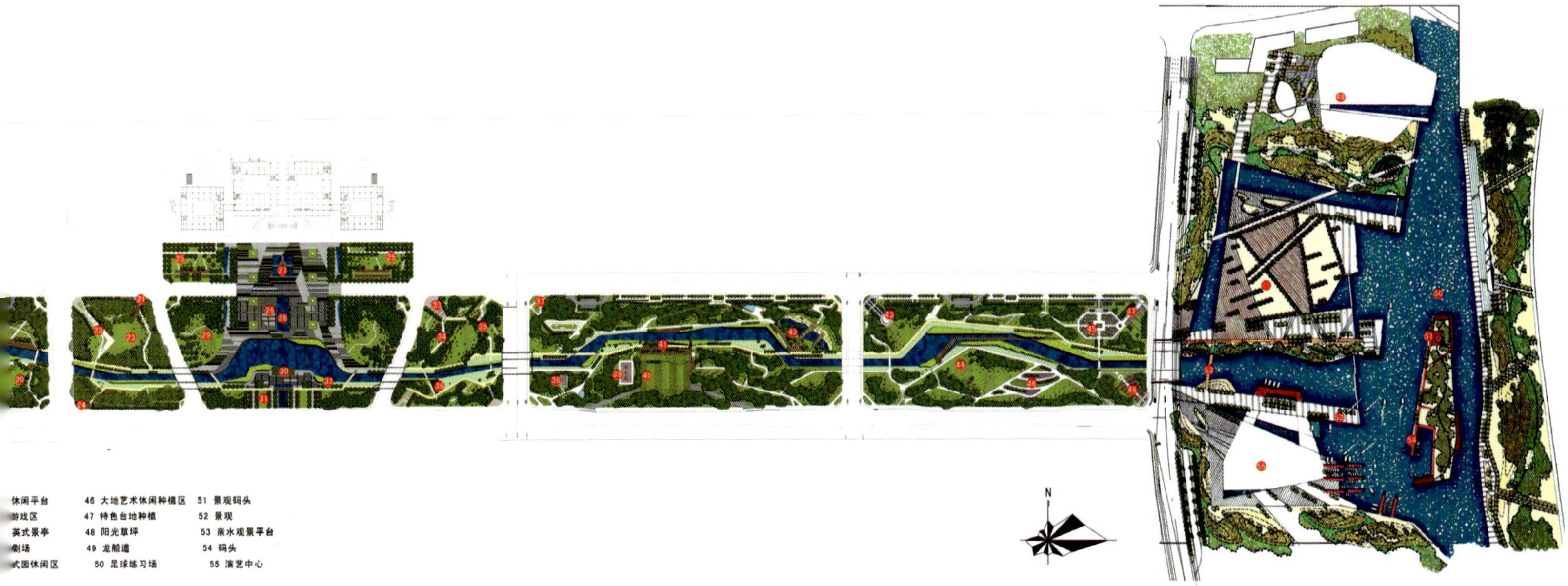

休闲平台	46 大地艺术休闲种植区	51 景观码头
游戏区	47 特色台地种植	52 景观
英式景亭	48 阳光草坪	53 亲水观景平台
剧场	49 龙船道	54 码头
式园休闲区	50 足球练习场	55 演艺中心

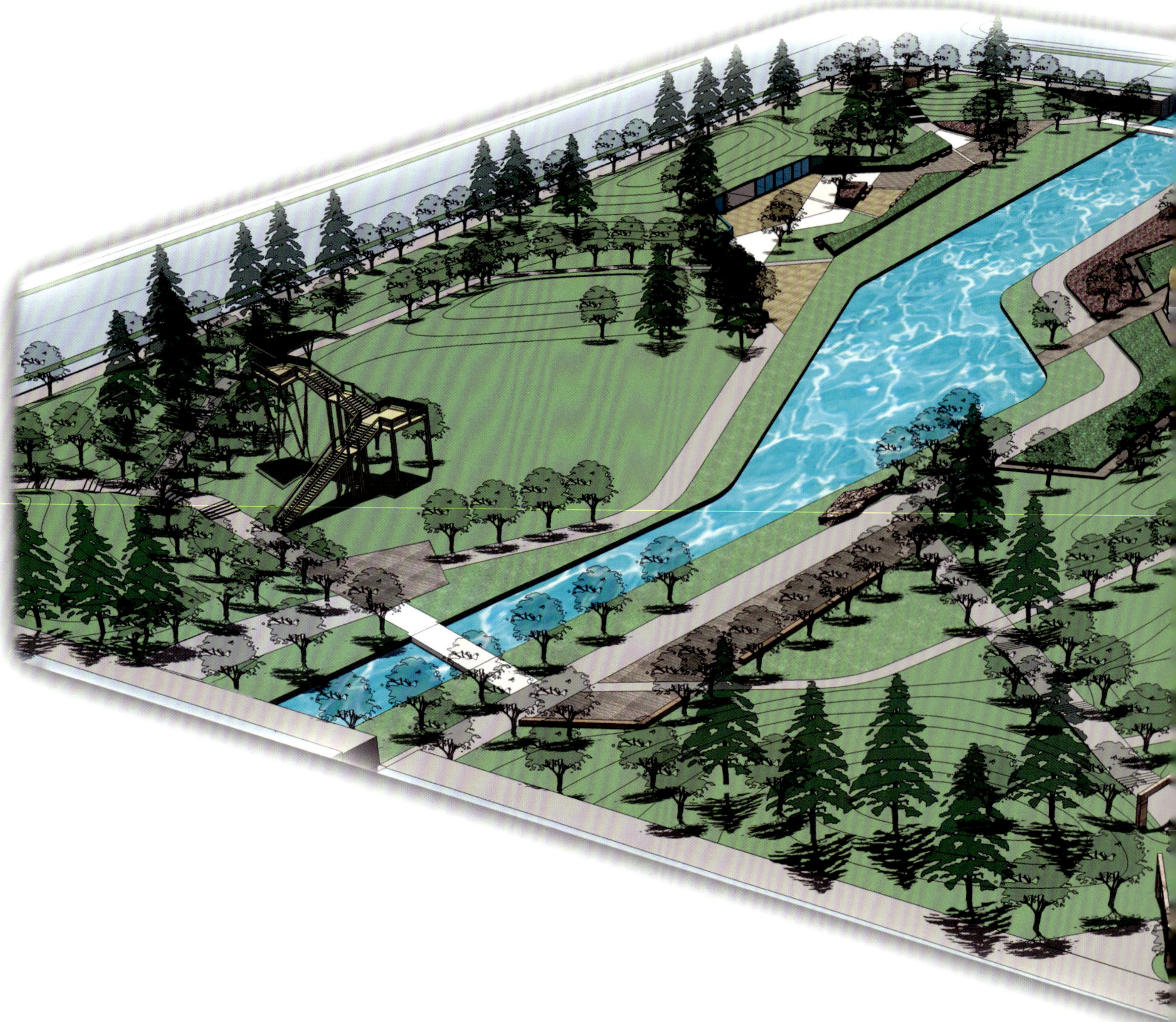

昆山莲湖公园

设计公司：艺普得（上海）城市设计咨询有限公司
项目地点：江苏省昆山市
项目面积：25万平方米

作为有着丰富公共区域景观设计经验的都市设计师，我们意识到在这样一个极速城市化的世界，公共开放空间正渐渐成为人们接近本源、自然、社会和文化的纽带。愈来愈多的公园将被作为一个载体，在未来给我们的后代展示其前辈们有关前城市化景观、传统和历史文脉的故事和记忆。基于此原因，当我们接受莲湖公园的设计任务时，就是希望利用景观设计来强调和宣扬昆山当地重要的水乡特色和昆曲文化。为了实现这个设计理念，我们整理并提炼出昆山当地的历史文化精华和线索，以现代的设计手法诠释出江南水乡、水产资源及传统戏曲等文化内涵，借此颂扬这些文化传统的成就、影响、技艺和魅力。借助互动式装置和设施使游园者无论男女老幼都有兴趣积极参与到各类艺术、文化、和历史的教育活动之中，使人们在潜移默化的文化熏陶过程中传承当地的文化和传统。

我们除了运用堆坡塑形等造园手法以强化其视觉冲击力外，还嵌入了大量当地的历史文化艺术元素，例如大面积移植当地原生的珍稀植物品种并蒂莲，使公园体现出昆山当地的特色。在湖中提供亲水平台，供游园者有机会更亲近地接触和体验水乡文化，如近距离观赏水生植物，或开展捕捞河鱼和大闸蟹等富有乡土趣味的活动。游园者也可以站在公园内的几处人工峰顶，从不同视角俯瞰全园的美景。

昆山市民可以通过这个项目来庆祝和纪念那些对昆山来说珍贵的历史文化元素，同时在此过程中也让新一代的昆山市民了解和意识到，他们的前辈们为当代的文化与成就所做出的贡献，并为此而感到骄傲。

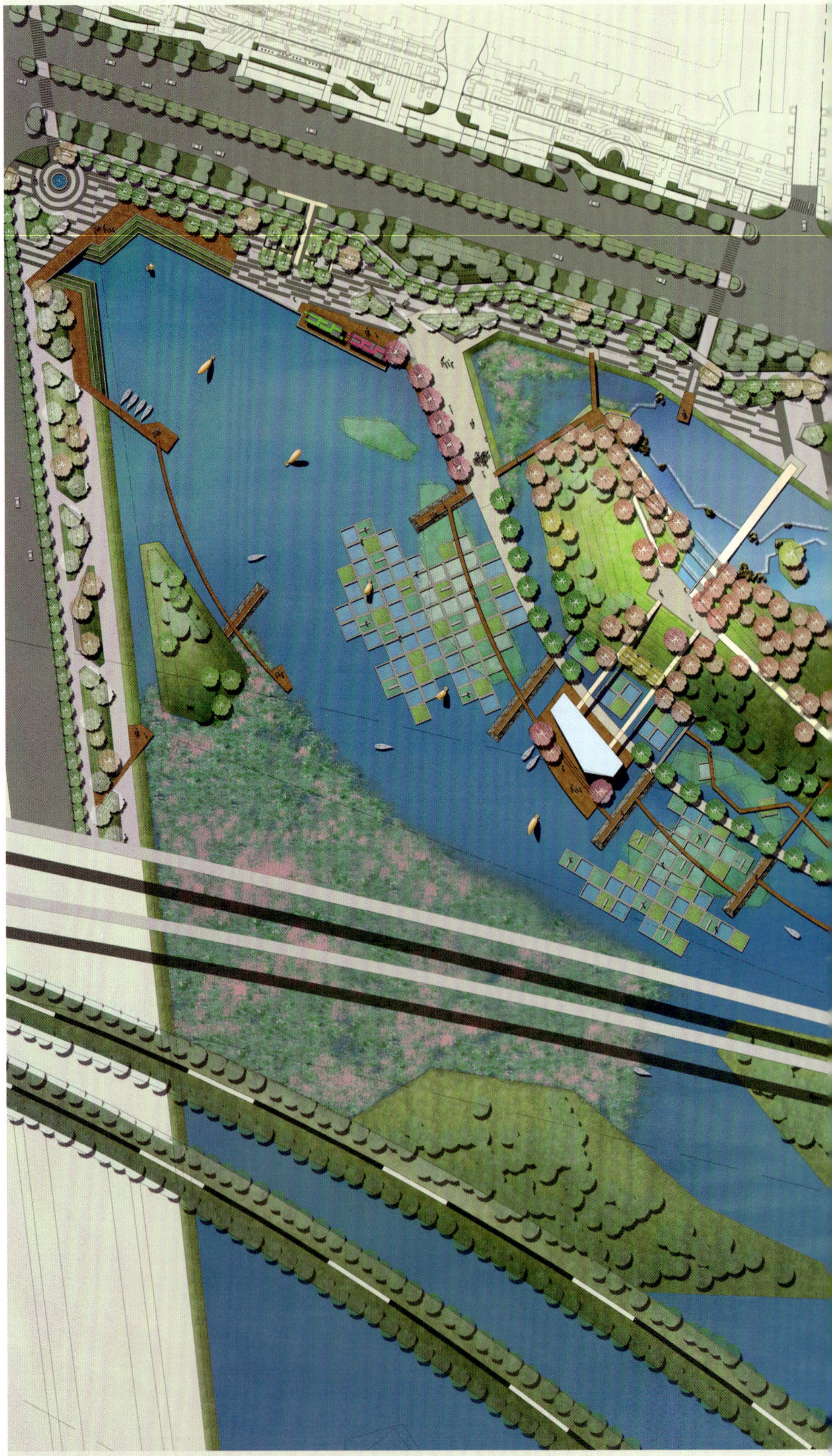

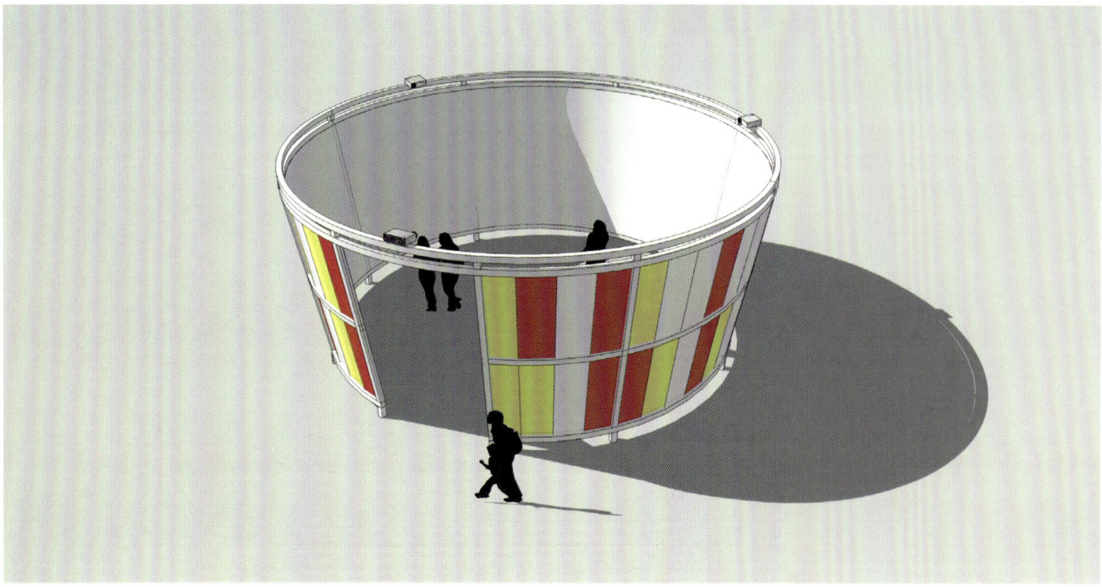

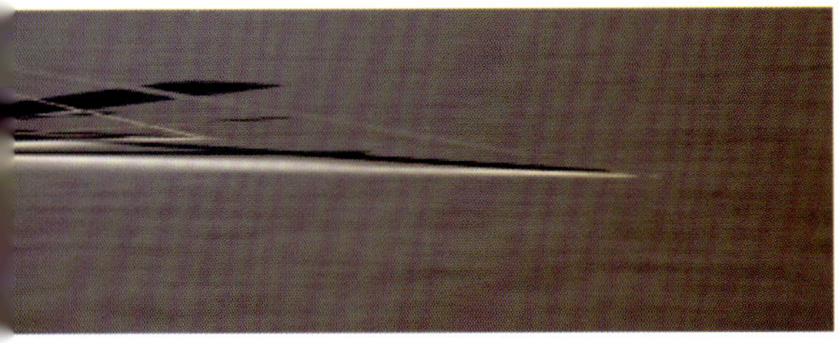

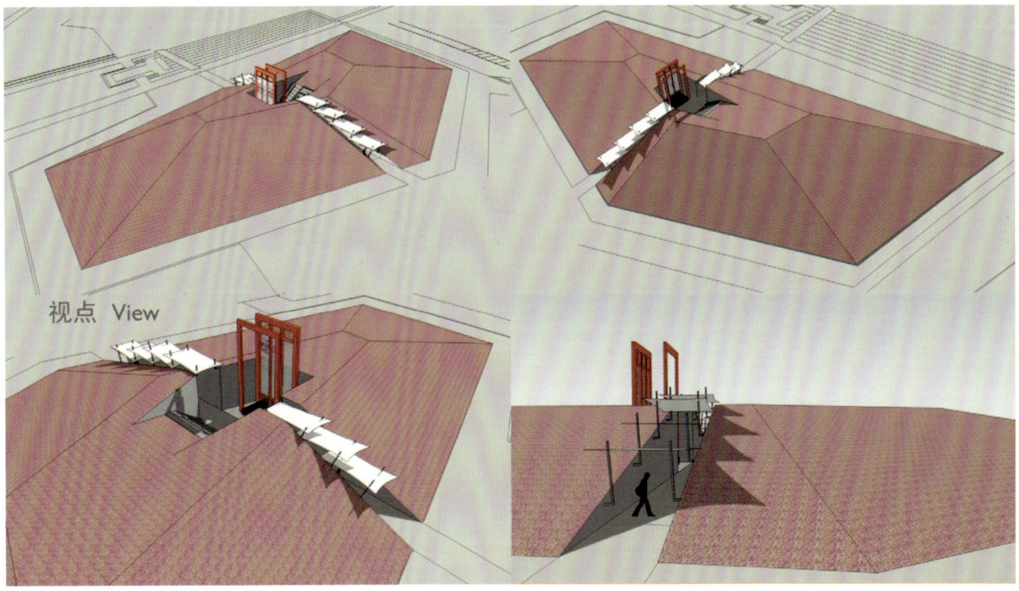
视点 View

1
2
3
4
5
6
7
8

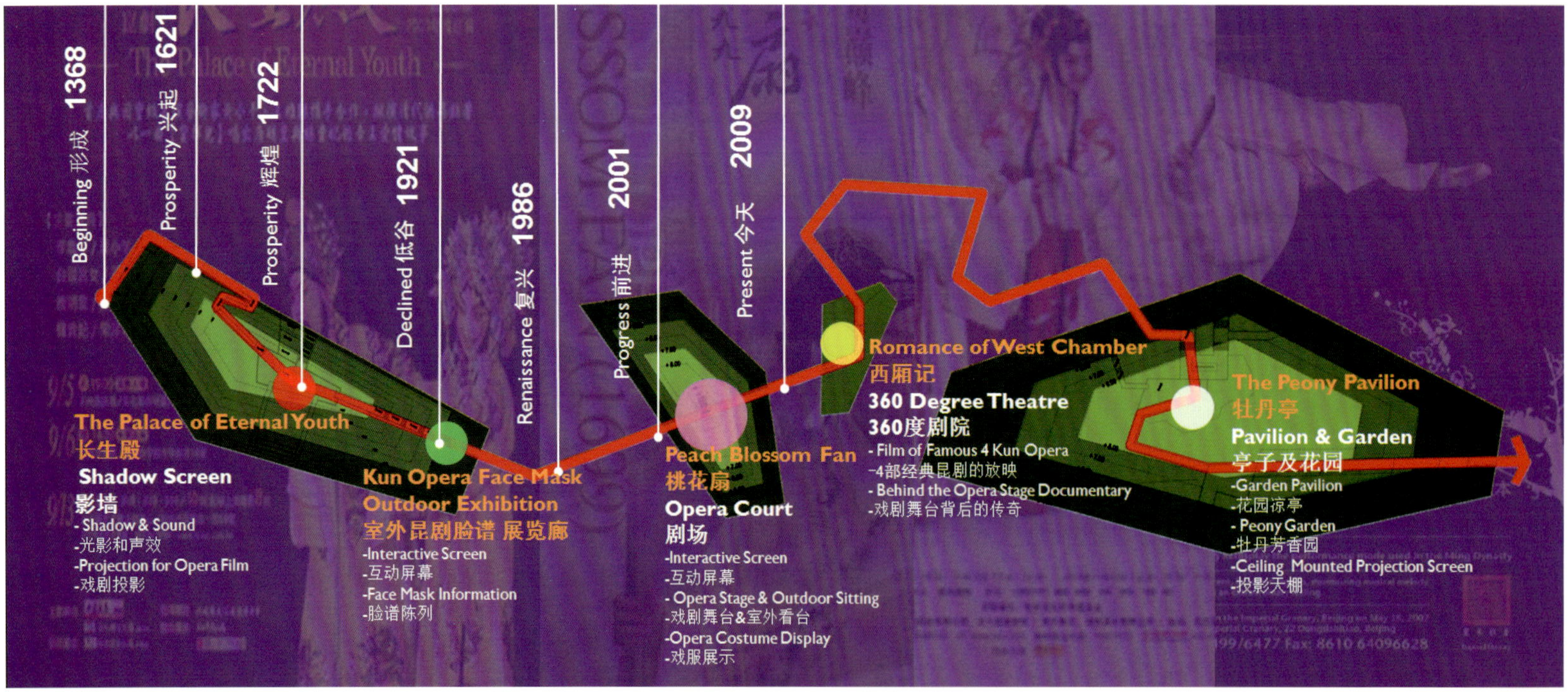

Beginning 形成 1368
Prosperity 兴起 1621
Prosperity 辉煌 1722
Declined 低谷 1921
Renaissance 复兴 1986
Progress 前进 2001
Present 今天 2009
The Palace of Eternal Youth
长生殿
Shadow Screen
影墙
- Shadow & Sound
-光影和声效
-Projection for Opera Film
-戏剧投影
Kun Opera Face Mask
Outdoor Exhibition
室外昆剧脸谱 展览廊
-Interactive Screen
-互动屏幕
-Face Mask Information
-脸谱陈列
Peach Blossom Fan
桃花扇
Opera Court
剧场
-Interactive Screen
-互动屏幕
- Opera Stage & Outdoor Sitting
-戏剧舞台&室外看台
-Opera Costume Display
-戏服展示
Romance of West Chamber
西厢记
360 Degree Theatre
360度剧院
- Film of Famous 4 Kun Opera
-4部经典昆剧的放映
- Behind the Opera Stage Documentary
-戏剧舞台背后的传奇
The Peony Pavilion
牡丹亭
Pavilion & Garden
亭子及花园
-Garden Pavilion
-花园凉亭
- Peony Garden
-牡丹芳香园
-Ceiling Mounted Projection Screen
-投影天棚

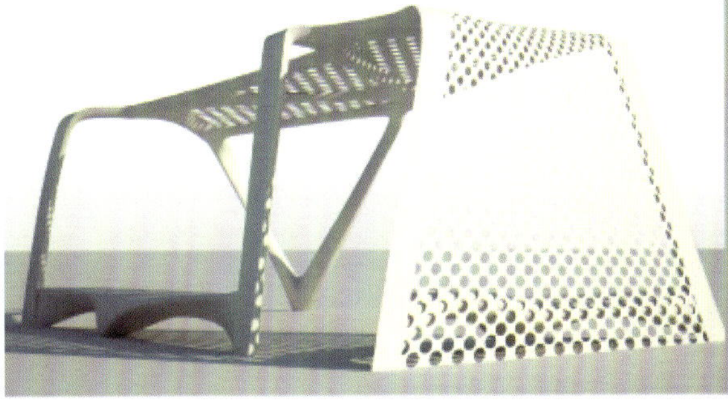

方兴湖公园

设计公司：荷兰NITA设计集团
项目地点：安徽合肥市
项目面积：296万平方米

项目位于合肥市滨湖新区南部片区，塘西河下游，规划总用地面积约2.96平方公里。

我们通过错位分析，最终认为方兴湖公园应该具备城市名片、行政形象、生态体验、文化亮点、市民休闲5大特征，在此基础上提出了核心设计理念——“山水画轴，多维水蕴”。

设计围绕该核心概念进行全面演绎，将“传统智慧”和“时尚新风”融为一体，使方兴湖公园成为滨湖新城的城市生态客厅，全面提升城市生活品质。

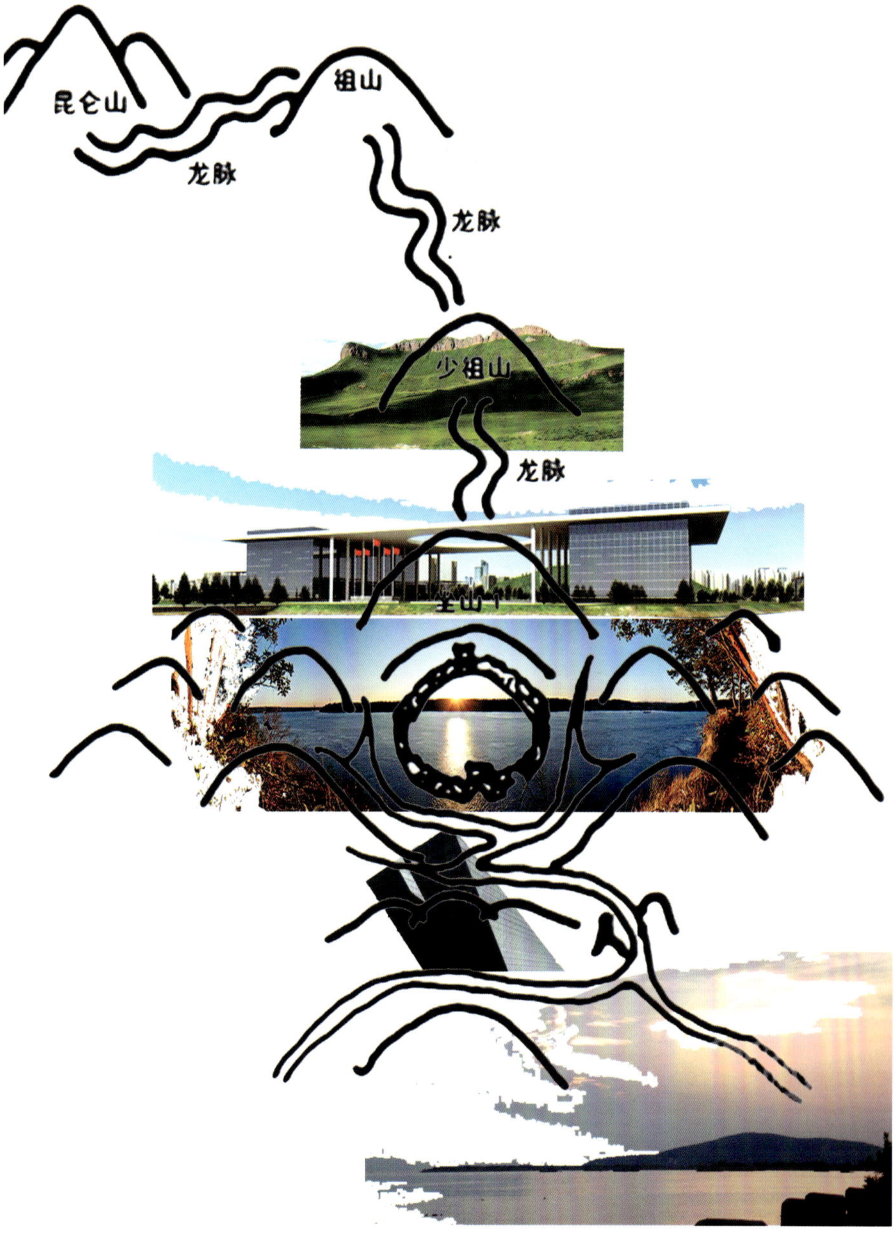

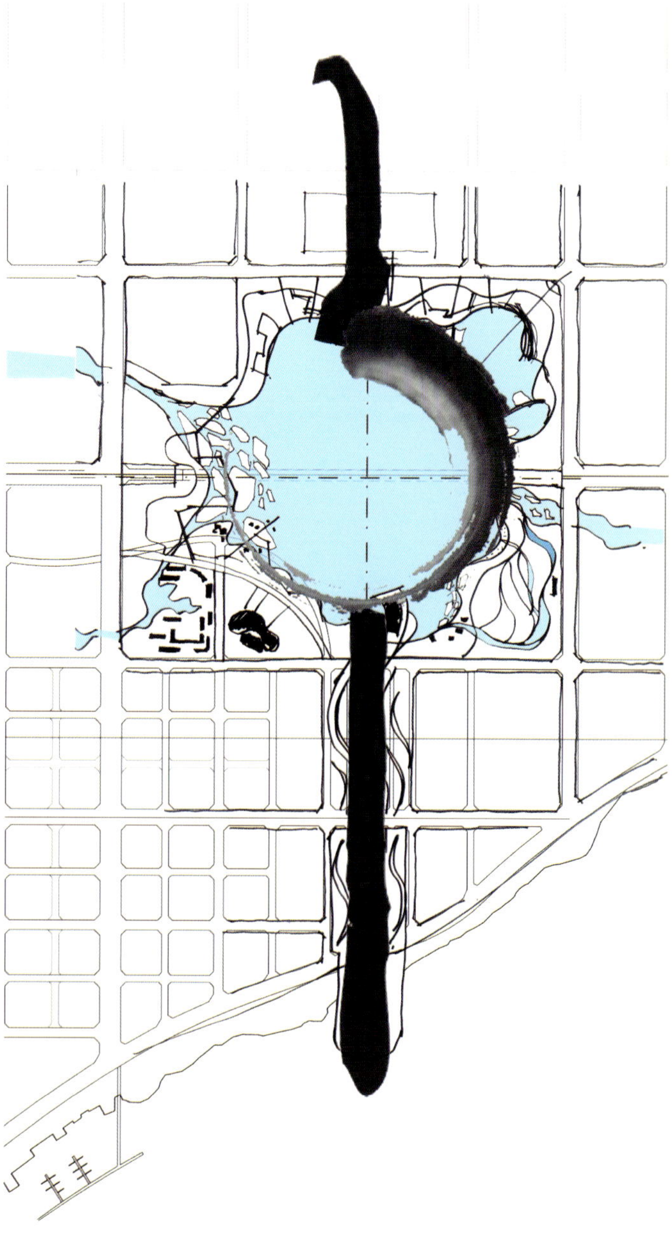

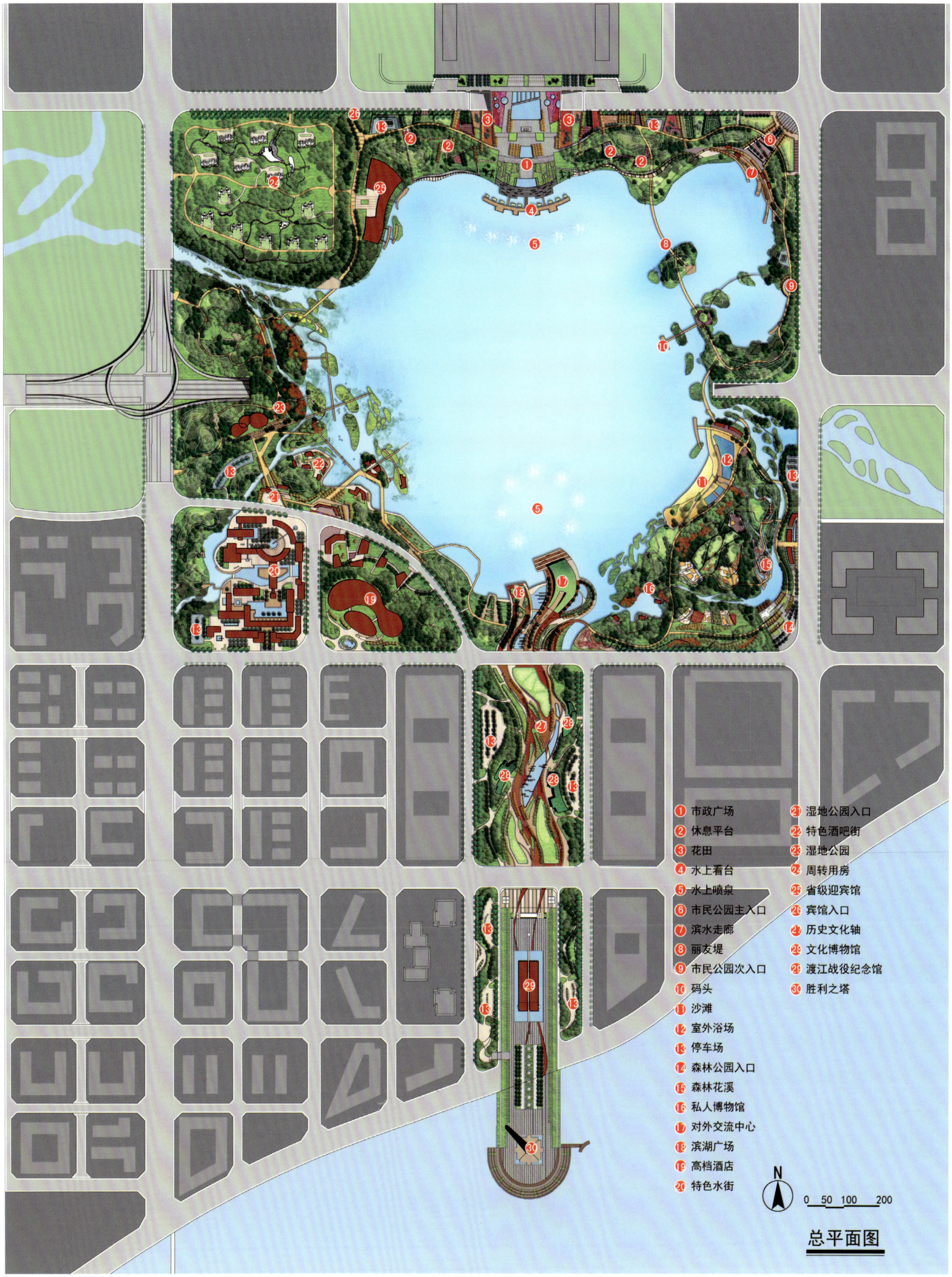

1 市政广场
2 休息平台
3 花田
4 水上看台
5 水上喷泉
6 市民公园主入口
7 滨水走廊
8 丽友堤
9 市民公园次入口
10 码头
11 沙滩
12 室外浴场
13 停车场
14 森林公园入口
15 森林花溪
16 私人博物馆
17 对外交流中心
18 滨湖广场
19 高档酒店
20 特色水街
21 湿地公园入口
22 特色酒吧街
23 湿地公园
24 周转用房
25 省级迎宾馆
26 宾馆入口
27 历史文化轴
28 文化博物馆
29 渡江战役纪念馆
30 胜利之塔
N
0 50 100 200

总平面图

鸟瞰图

武汉沙湖科技公园

设计公司：泛亚国际
项目地点：湖北省武汉市
项目面积：400万平方米

沙湖位于武汉武昌中心城区，总面积400万平方米。作为武汉市第二大的城中湖，武昌区对外联系的西门户，沙湖的形象与定位对武昌区乃至整个武汉市都有着至关重要的意义。武昌区是武汉市的江南核心区，也是闻名全国的智力密集区，拥有多所省市级重点名校以及中国最大的光电子产业生产和研发基地"光谷"。沙湖公园的规划应当体现武昌科技之区、智力之城的特色，增强武昌区科技文脉的品牌优势，以期与"武汉光谷"一起，一柔一刚，成为享誉全国的科技名片。

规划采用"光与科技"作为沙湖公园景观设计的主题，将光闪耀、炫动、变幻、极速的特征作为景观设计的语言，运用尖端科技，结合水景，谱写出一场奢华的视觉盛宴，引领游人进入一个时尚新奇的炫丽世界。同时，通过合理的项目设置，国际化的经营理念等手段，改善基地及周边环境，提升沙湖片区土地的价值，积聚人气，打造品牌，使沙湖成为武汉时尚跃动的光彩之核。

根据基地现状，规划提出"一环，两片，五区"的规划结构。一环指围绕沙湖各分区的景观大道。两片指在沙湖南岸以科学、教育和娱乐等公共设施为主导，以满足市民集会、观演、娱乐等较为城市化的需求，时尚活泼、炫动多彩的都市活力片区以及北岸以周边居民为主要服务对象，宁静休闲、绿意盎然的自然生态片区。该片区以更加含蓄和自然的方式来演绎教育和高科技的设计主题，而动与静的对比也可彰显出沙湖不同的个性。

五区则指依据功能基地分为时尚生活律动区，人文艺术风情区，生境游赏体验区，活力养生休闲区，以及亲水泛舟区。各分区的景观设计注重滨水空间的营造及亲水性的体现，多样化的岸线处理方式，丰富了沙湖滨水景观的类型，满足人们的亲水需求。波浪状的曲线贯穿整个园区，描绘出水波的动感，将沙湖的水意引至岸上。

本次规划设计，旨在赋予沙湖新的科技文化，使沙湖成为武汉未来的一个科技标志和符号。而沙湖本身将依托着该区域自然净化能力，成为一个可居可赏可与人互动的高科技湿地生态系统，游人可以来这里放松自己，享受新颖的游乐设施。

沙湖，必将成为武汉未来的"明日之光"。

N
0
100
200
500

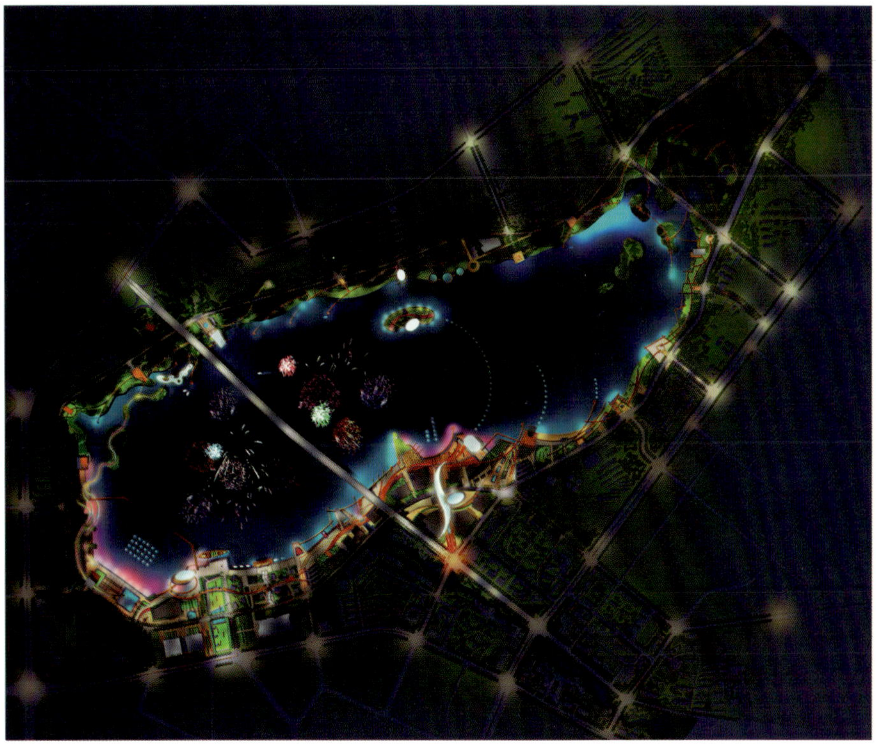

长春国际汽车公园

设计公司：上海唯美景观设计工程有限公司
项目地点：吉林省长春市
项目面积：97万平方米

一、概况

长春汽车新城位于长春市西南部，长春汽车产业开发区核心区，规划布局为“一心两翼”，“一心”是长春国际汽车公园，“两翼”是公园南、北混合功能区。

长春国际汽车城提出了“汽车之城、生态之城、明日之城”的理念，以文化铸造品牌，以品牌带动产业，以产业发展城市是城市持续发展的必然选择。

长春国际汽车公园位于汽车产业开发区的核心，总占地97万平方米。作为“一心”的汽车公园，在区域开发中的作用显而易见，从功能来看，长春国际汽车公园是以人的活动为中心，以汽车文化为特点的文化休闲公园，从长春区域开发角度出发，更是长春汽车文化的载体，是长春的标志，以及长春这个城市最亮的名片。

二、设计理念：

1.依托原有地形，打造山水骨架

汽车公园南低北高，我们利用东西向的泄洪河道，挖湖堆山，引水入园，形成独特的山水景观特色， 为公园营造一个生态的景观基础。

2.“五环五湖”，完善使用空间

在园内设计5个车行环路，完善公园的交通格局，结合五湖的开挖，完善景观网络空间布局，完善使用功能。

3.“三街六区”，发扬汽车文化

3条特色汽车文化街将汽车文化引入园内，6个区域景观格局为人们带来不同的景观体验。

三、规划特色

1.加强自然景观与人文景观的结合

本案在着重于自然景观与人文景观的整体融和，东西方文化相互交融的基础上，特别突出生态和可持续发展的现代景观理念，形成自然生态的独特汽车主题景观。

2.形成清晰的交通环路，道路逐层分级

本案根据景点的布局，设置不同层次的游线，形成系统格局，给人不同层次的景观体验。

3.西南堆山，体验多重旷奥景观空间

从整体景观上考虑，公园不具备好的景观空间背景，也不易于在场地内实现良好的生态循环。因而本方案从景观需求及生态功能上考虑，在南部利用挖湖、堆叠地形，其余根据功能空间的需要设置小的地形，这样不仅形成了多重的旷奥景观空间，也解决了大水系挖掘所带来的土方问题，同时也满足作为泄洪水道所需的汇水、排水需求。

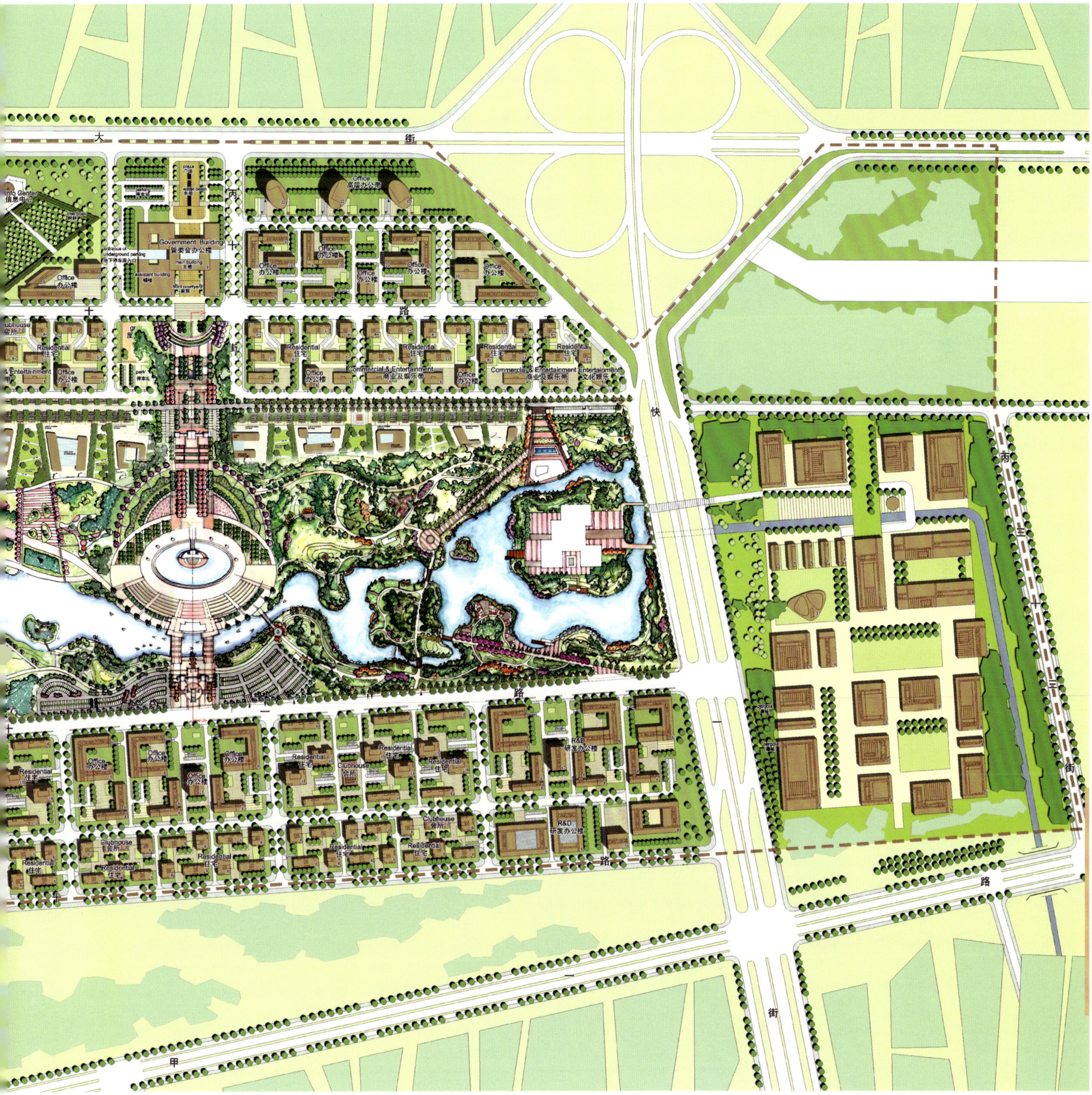
Office
高层办公楼
Government Building
管委会办公楼
Info Center
信息中心
Office
办公楼
Clubhouse
会所
Residential
住宅
Entertainment
Commercial & Entertainment
商业及娱乐带
Entertainment
文化娱乐
R&D
研发办公楼

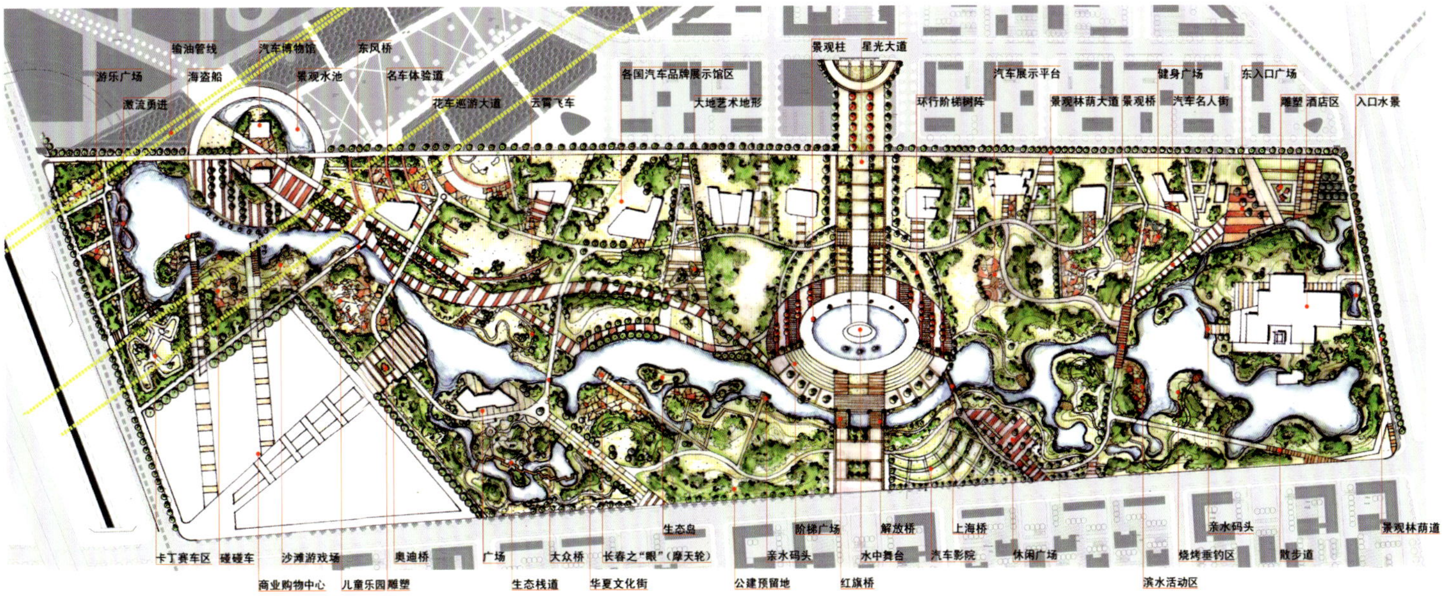

长春汽车公园　MASTER PLAN

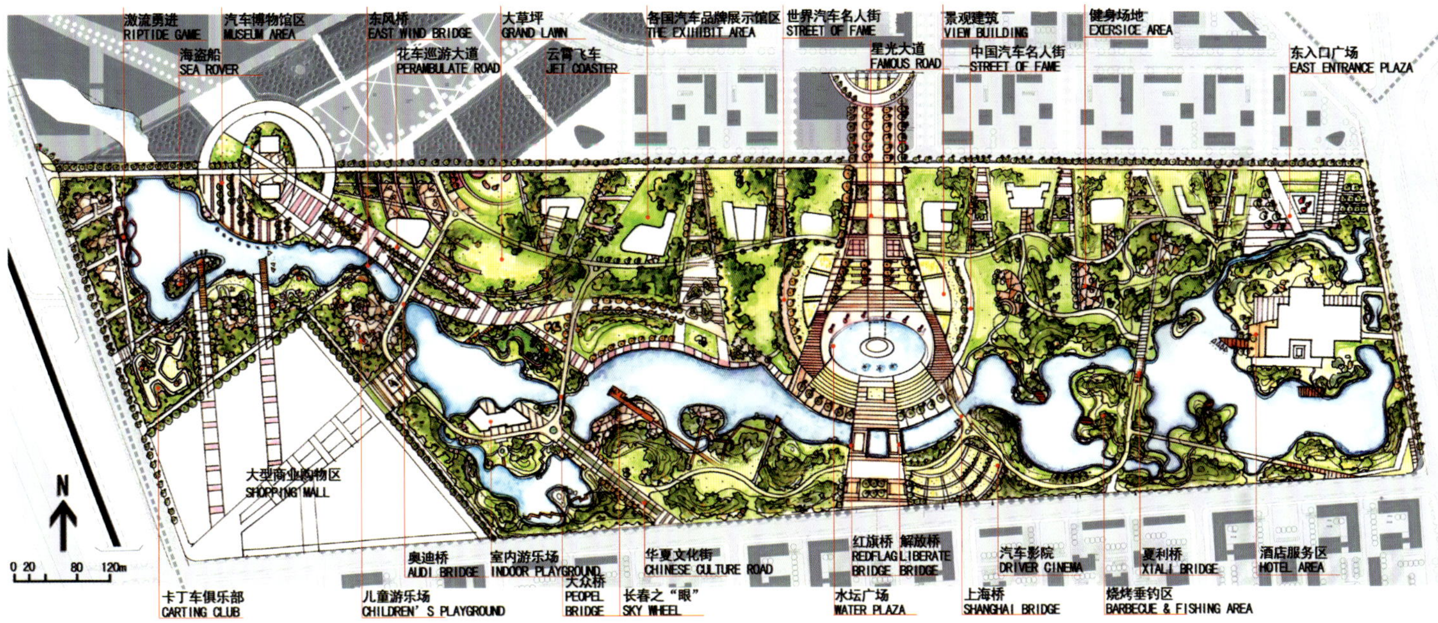

长春汽车公园　MASTER PLAN

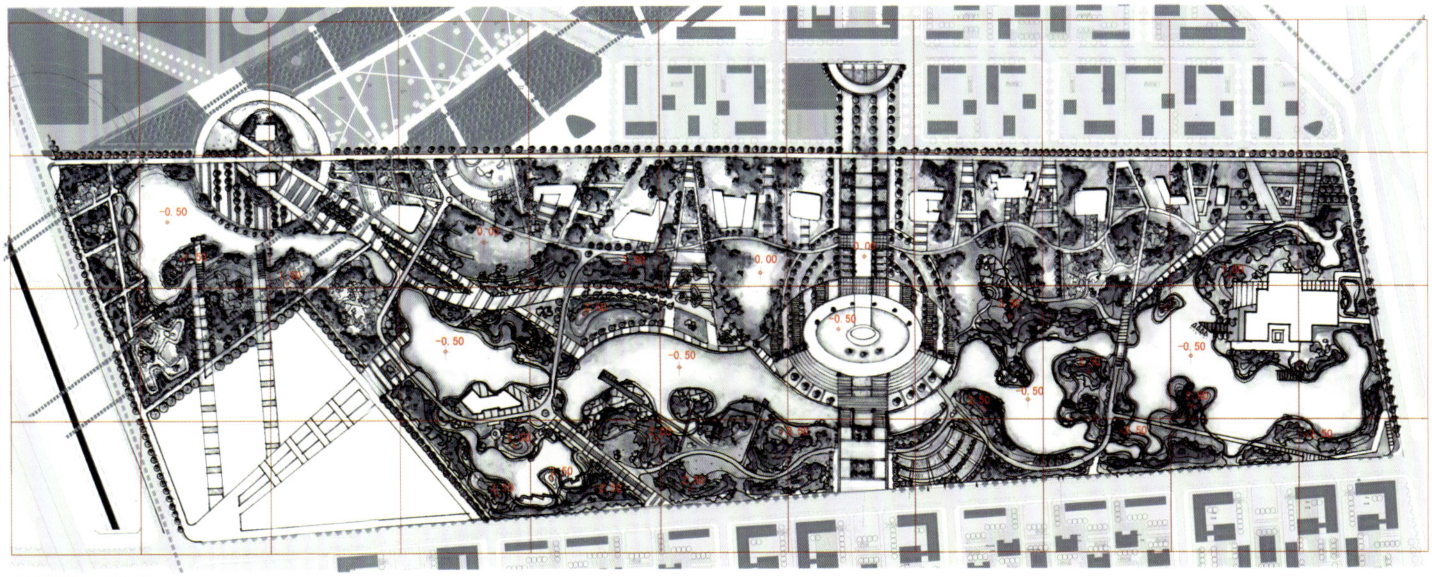

土方平衡估算表	
挖方量	17.4万立方
填方量	17.4万立方

长春汽车公园　MASTER PLAN

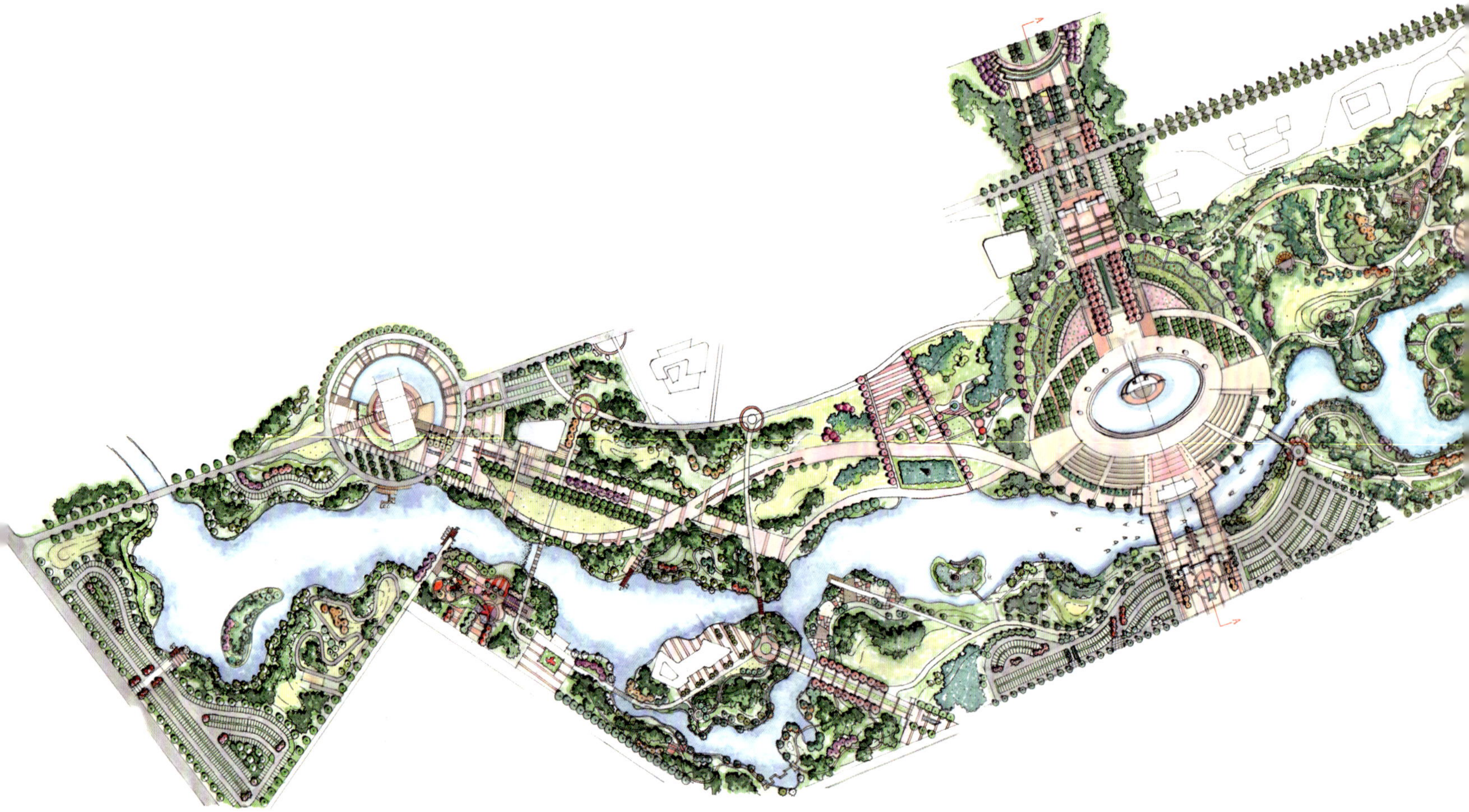

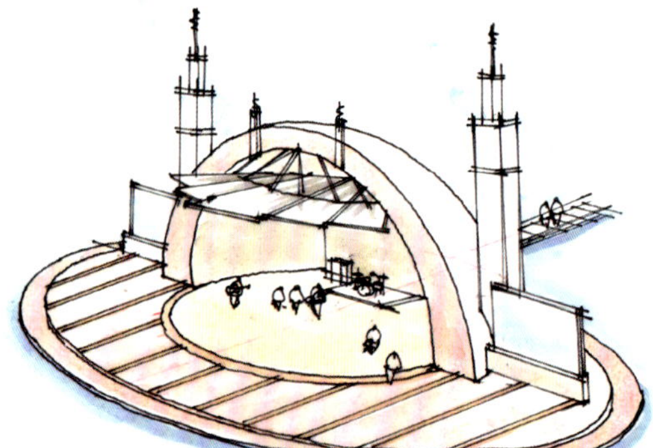

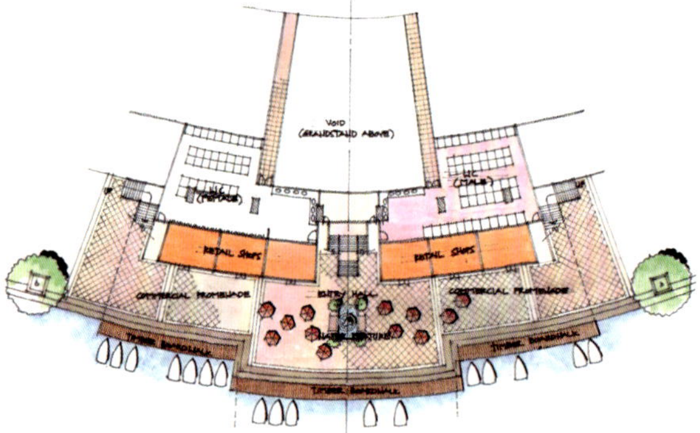

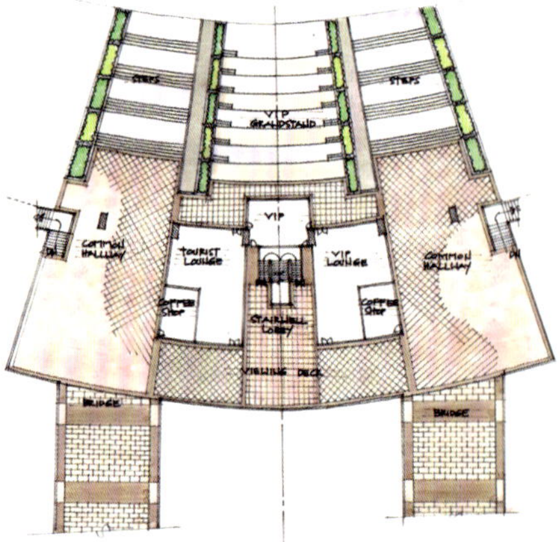

ELEVATION
SCALE 1:200

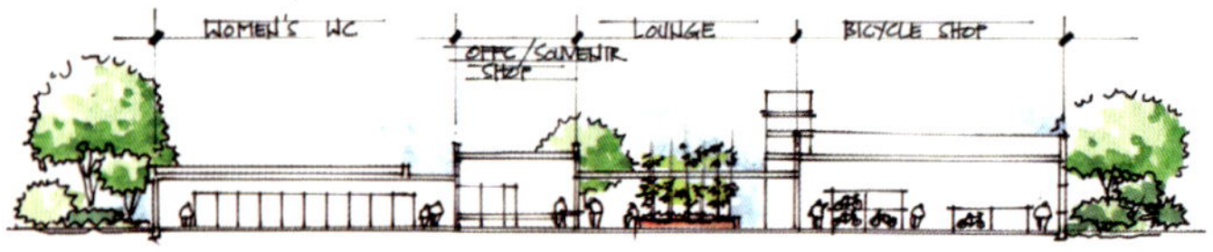

SECTION
SCALE 1:200

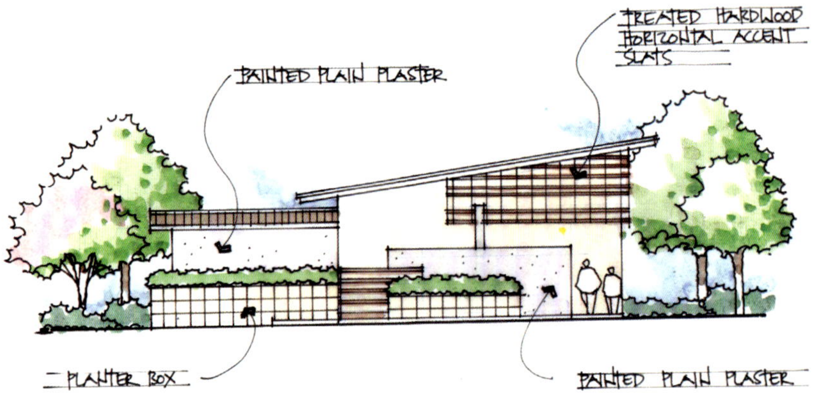

ELEVATION
SCALE 1:100

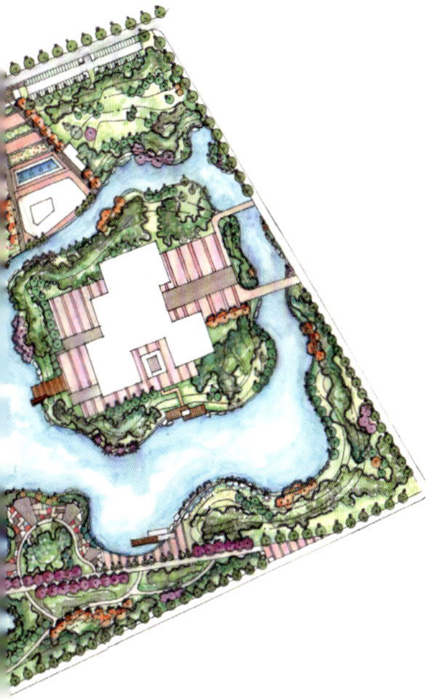

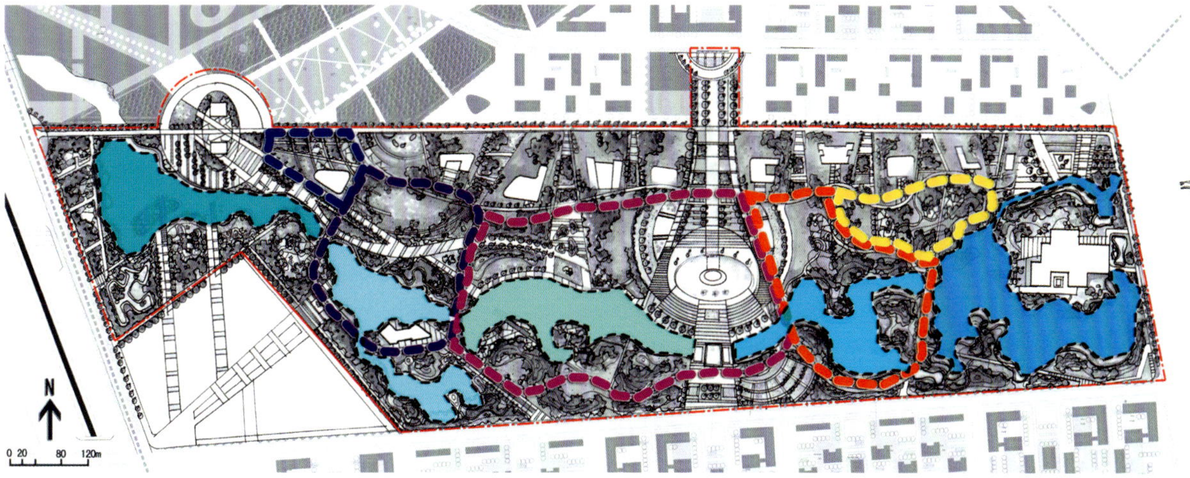

长春汽车城公园景观结构分析“五湖五环”

长春汽车公园景观“四脉络”格局分析图

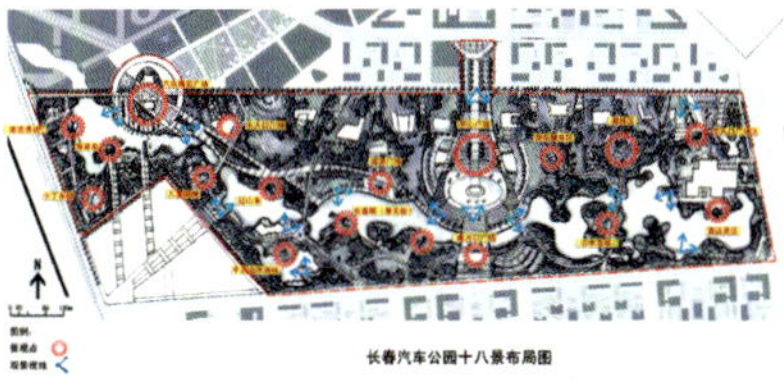

长春汽车公园十八景布局图

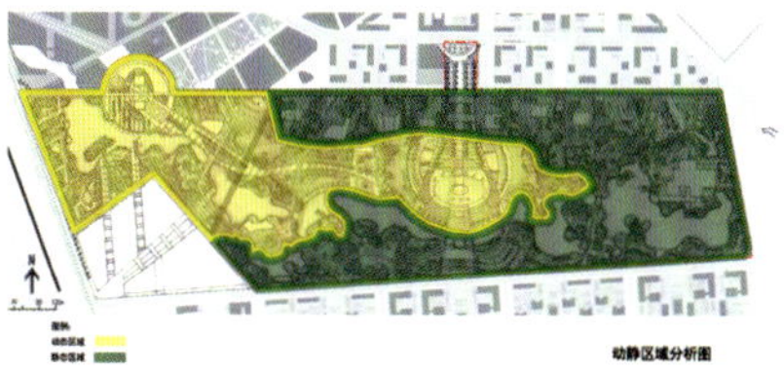

动静区域分析图

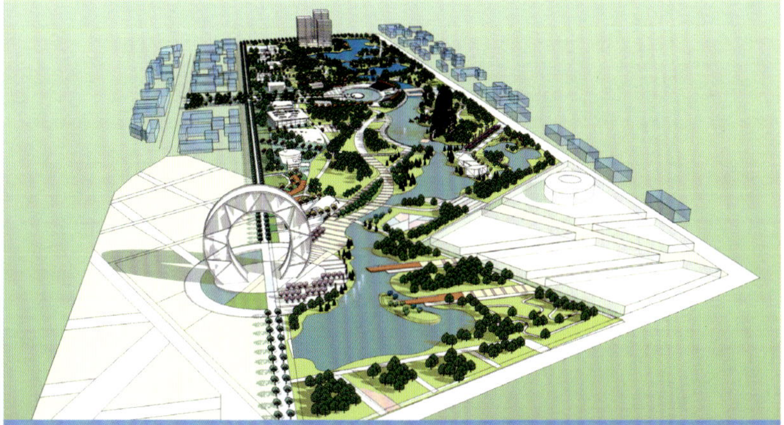

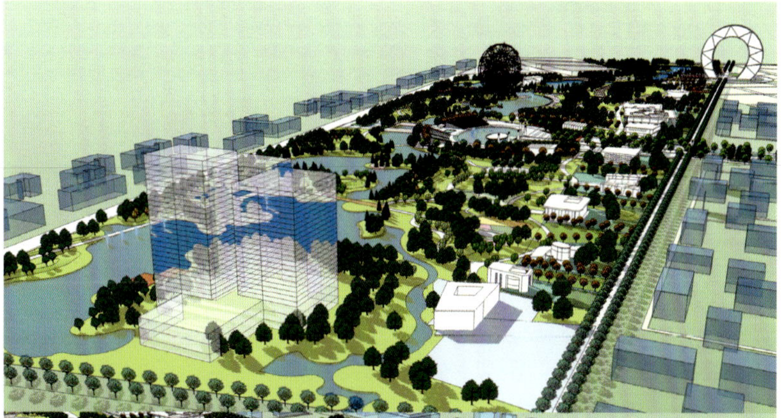

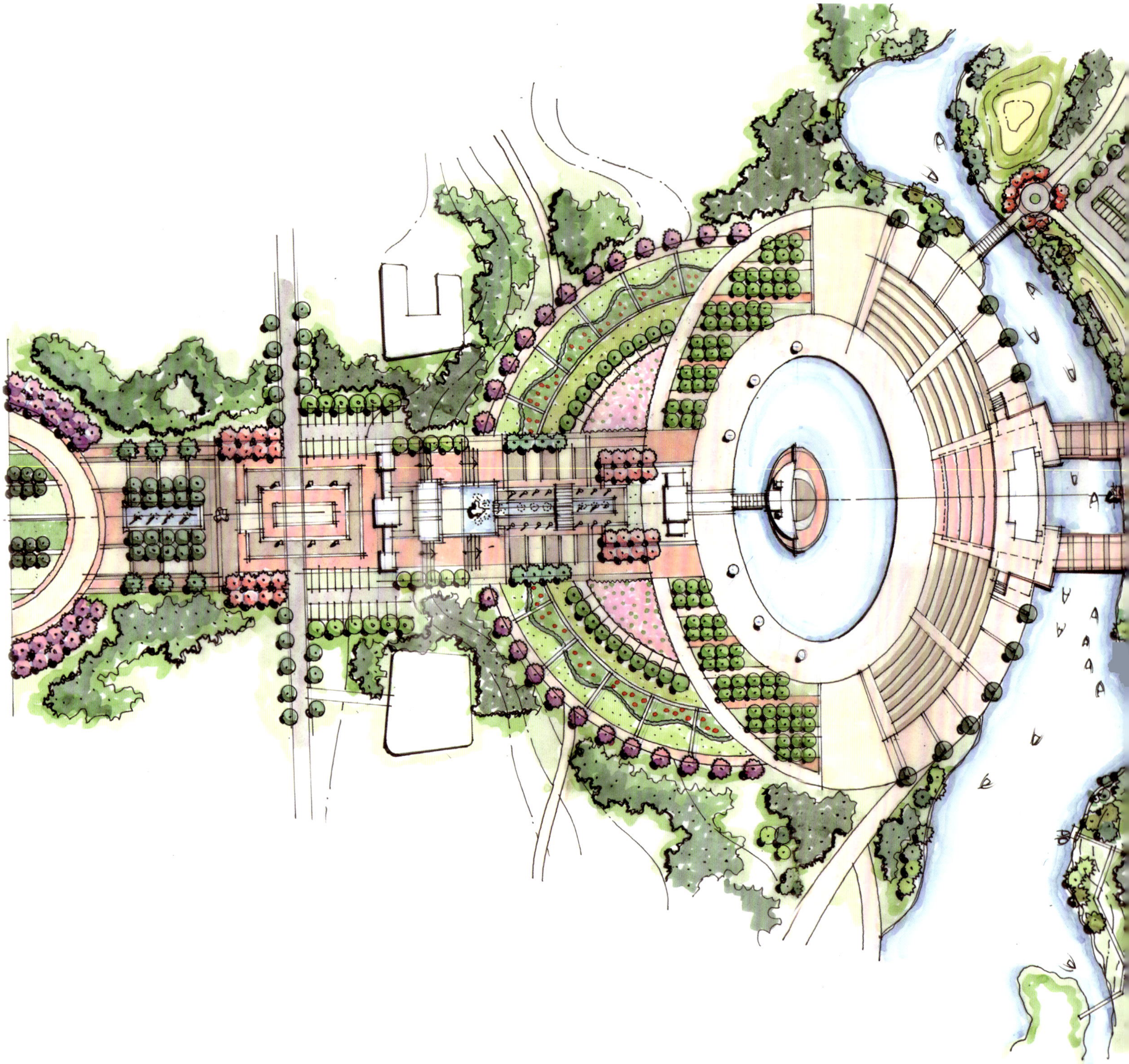

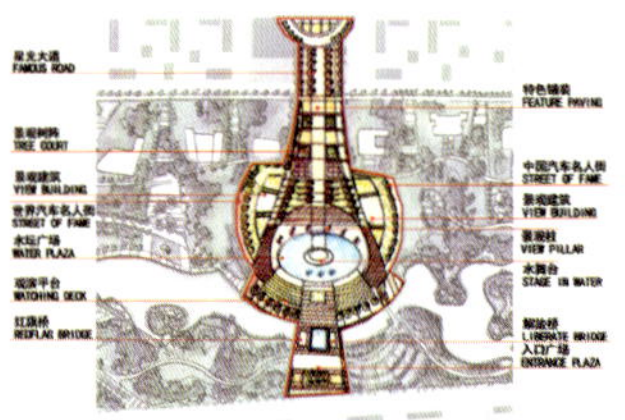
FAMOUS ROAD
景观树阵
TREE COURT
景观建筑
VIEW BUILDING
世界汽车名人街
STREET OF FAME
WATER PLAZA
观演平台
WATCHING DECK
红旗桥
REDFLAG BRIDGE
特色铺装
FEATURE PAVING
中国汽车名人街
STREET OF FAME
景观建筑
VIEW BUILDING
景观柱
VIEW PILLAR
水舞台
STAGE IN WATER
解放桥
LIBERATE BRIDGE
入口广场
ENTRANCE PLAZA

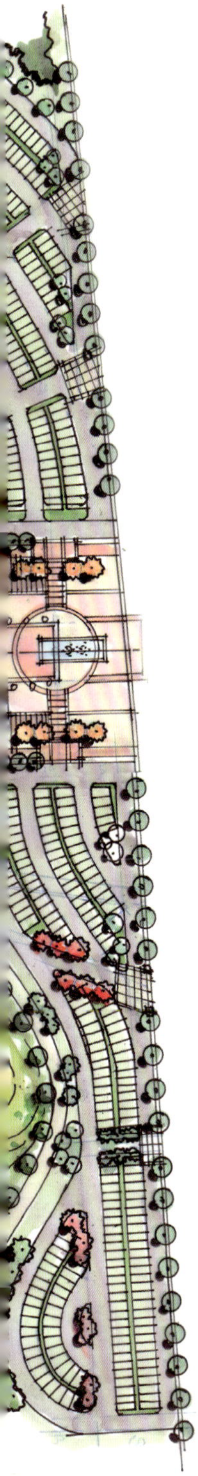

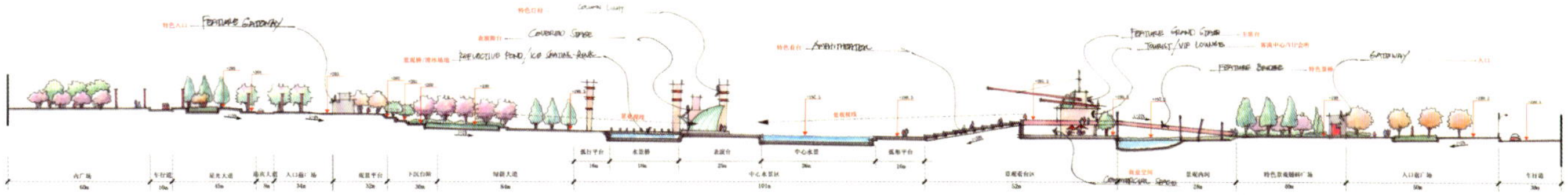

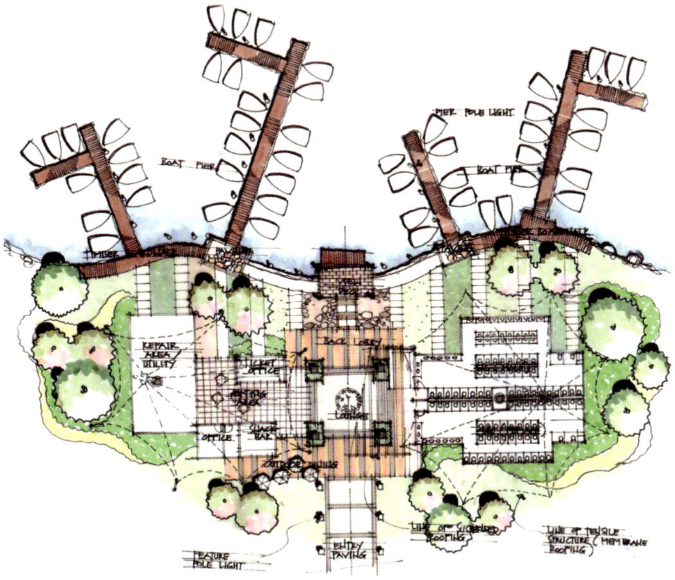

PLAN
SCALE 1:100

河南平顶山市市政公园

设计公司：沈阳田园景观设计有限公司
项目地点：河南省平顶山市
项目面积：16万平方米

项目基地位于河南省平顶山市，市名取自于距市中心东北方向约2公里的平顶山。城市得名以平顶山山体为核心，向南跨至于平安大道，总占地面积约643万平方米。整体项目自南向北包括城市公园、市政大道、生态公园、山顶公园4大部分。

我们在平顶山市政公园采用“地景式”设计手法，也就是大地等高线设计理论。设计的每一个环节都是根据基地等高线而来，道路 广场和一些景观节点严格按照当地实际情况来设定；另外尤其是对可以起到改良土壤作用的植物进行了精心的考察和挑选。

开发与建设平顶山市政公园对平顶山城市建设和发展起到重大积极的作用：

1.由于当地采煤产业的过度发展，对城市的空气、水质和土壤绿植造成严重性破坏，因此建设森林公园对城市的自然生态条件和市民生活环境改善起到了重大而积极的作用。

2.平顶山市政公园的建设对于丰富市民的户外生活，比如健身，野营，休闲娱乐等起到重要的推动作用。

3.建设平顶山市政公园可以带动周边地区经济开发（例如生活社区、银行、学校、餐饮、娱乐等），对吸引投资，促进城市的建设将起到重要作用。

4.平顶山市政公园建设，对市民起到了寓教于乐的重要作用。不仅带动了市民对生态自然的认识，尤其是对儿童的学习和身心健康的发展起到了重要作用。

5.建设平顶山市政公园使市民在休闲娱乐当中体会平顶山市的文化内涵，对继承历史文化起到重要的作用。

平顶山市政公园是平顶山市的绿肺，它位于城市未来发展的中心，又是平顶山城市的上端位置，就其对平顶山城市的发展来说，具有百年大计的意义。

ONLY
STARBUCKS COFFEE

HERMES
PRADA
HERMÈS

三江口区域滨江区景观公园

设计公司：WHITEBOX建筑与景观设计事务所
项目地点：四川省宜宾市
项目面积：40万平方米

一个杰出的滨江公园：全面整合和连接

一个强调当地独特地形和与山水紧密联系的城市；

倡导三大元素平衡的动态整合：运动、休闲、生态。

设计灵感源于对宜宾独特地理特征的理解"山、水、城、人"融为一体，在漫长岁月中相互作用形成今天的面貌，宜宾悠久的历史以及人类在河流沿岸定居的历史演化过程。

三江口的总体蓝图是一座滨水区景观架构。三江口滨水区位于宜宾一片狭长的线形区域，这一公共空间的诞生旨在将宜宾的中央商业区与滨水区再次连接起来。商业广场将极具现代活力，公共公园将成为一个动感的城市的娱乐休闲专区。同时公园还将使市民及游客进一步了解三江口悠久的历史以及人类在河流沿岸定居的历史演化过程。三江口滨水区景观公园将会影响人们对江河的态度并提高公众对其价值和重要性的认识。

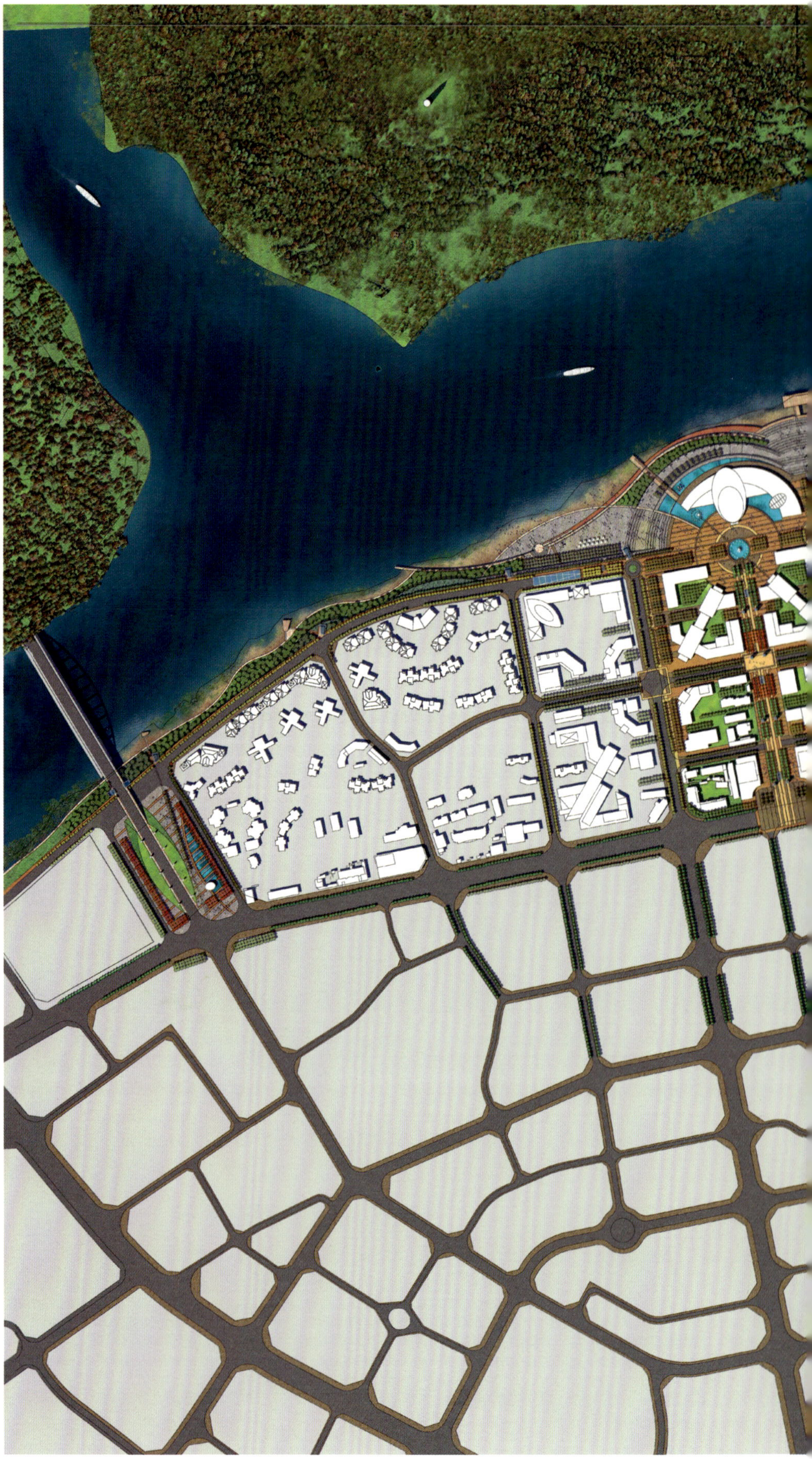

VIEWS

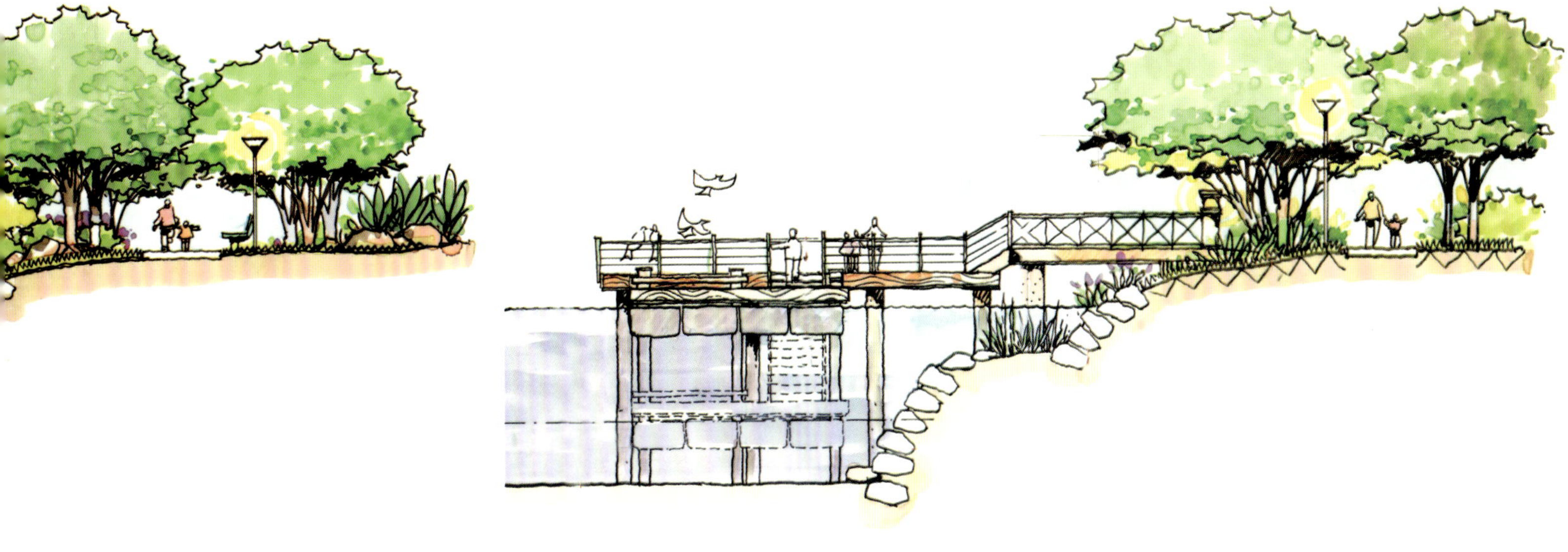

峨秀湖国际度假区会所

设计公司：ANTO岩涛景观设计有限公司
项目地点：四川省峨眉山市
项目面积：约2万平方米

本项目的创意构思是将四川的文化历史、艺术、民族文化反映在我们的设计中，通过国际化的设计手法去融合宗教的精神元素与原始的情感依托，打造富含宗教文化氛围的国际度假胜地。运用现代中式的表现手法，结合民族文化，将建筑的元素延续到景观设计中。整个设计给人带来强烈的亲切感和舒适感，会带来似曾相识的自然原始感觉，能唤起一些过往的记忆，我们根据会所各空间功能的不同，来营造不同文化主题的空间景观。在广场上设计主题雕塑，来介绍峨眉的文化历史，也为世界各地来参观的游客起到引导作用。我们会将很多的人吸引到我们的区域，因为我们非常深刻地反映了四川的文化、历史、艺术。

Master Plan

1. Entrance Plaza 入口景观广
2. Characteristics of Chinese Place 特色中式景
3. Landscape Bridge 景观桥
4. Features Waterscape 特色水景
5. Exhibition center Entrance Landscape 展示中心入
6. Entrance Plaza 车行入口景
7. Swimming Pool 景观泳池
8. Model Garden Design 样板房庭院

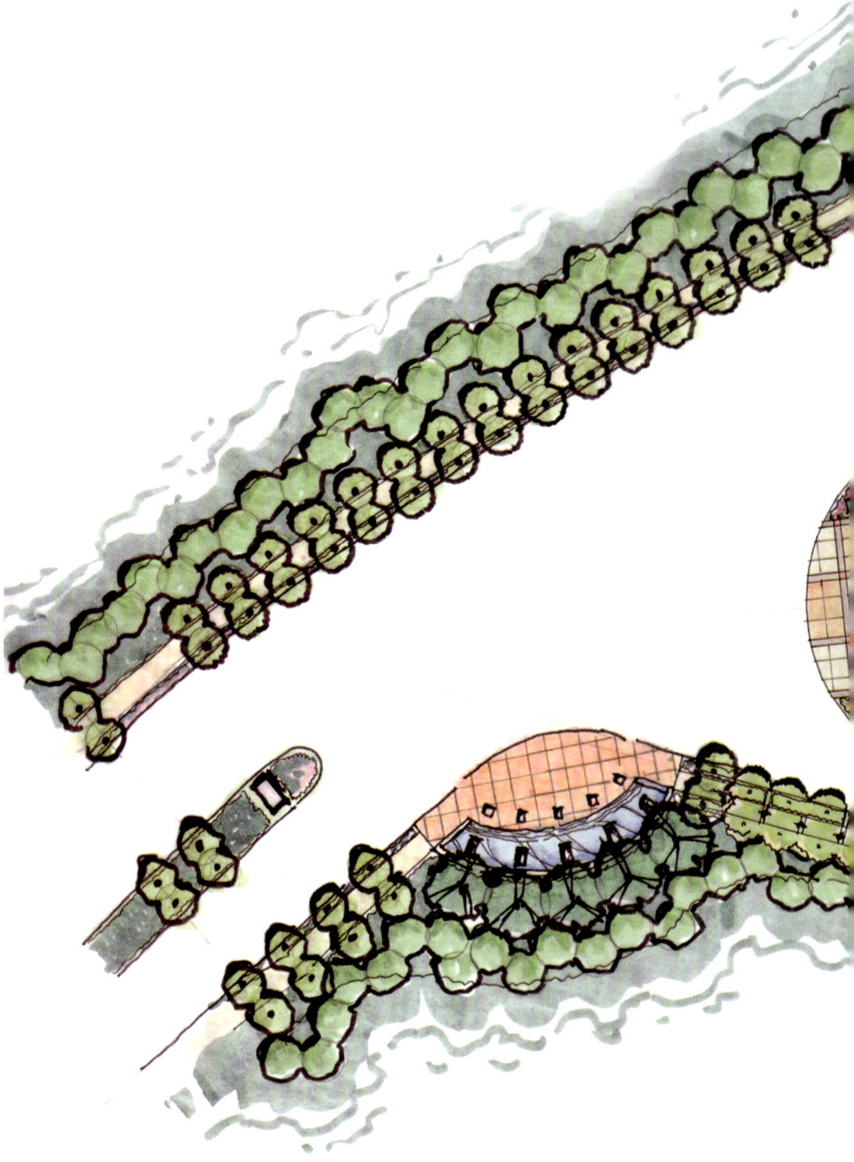

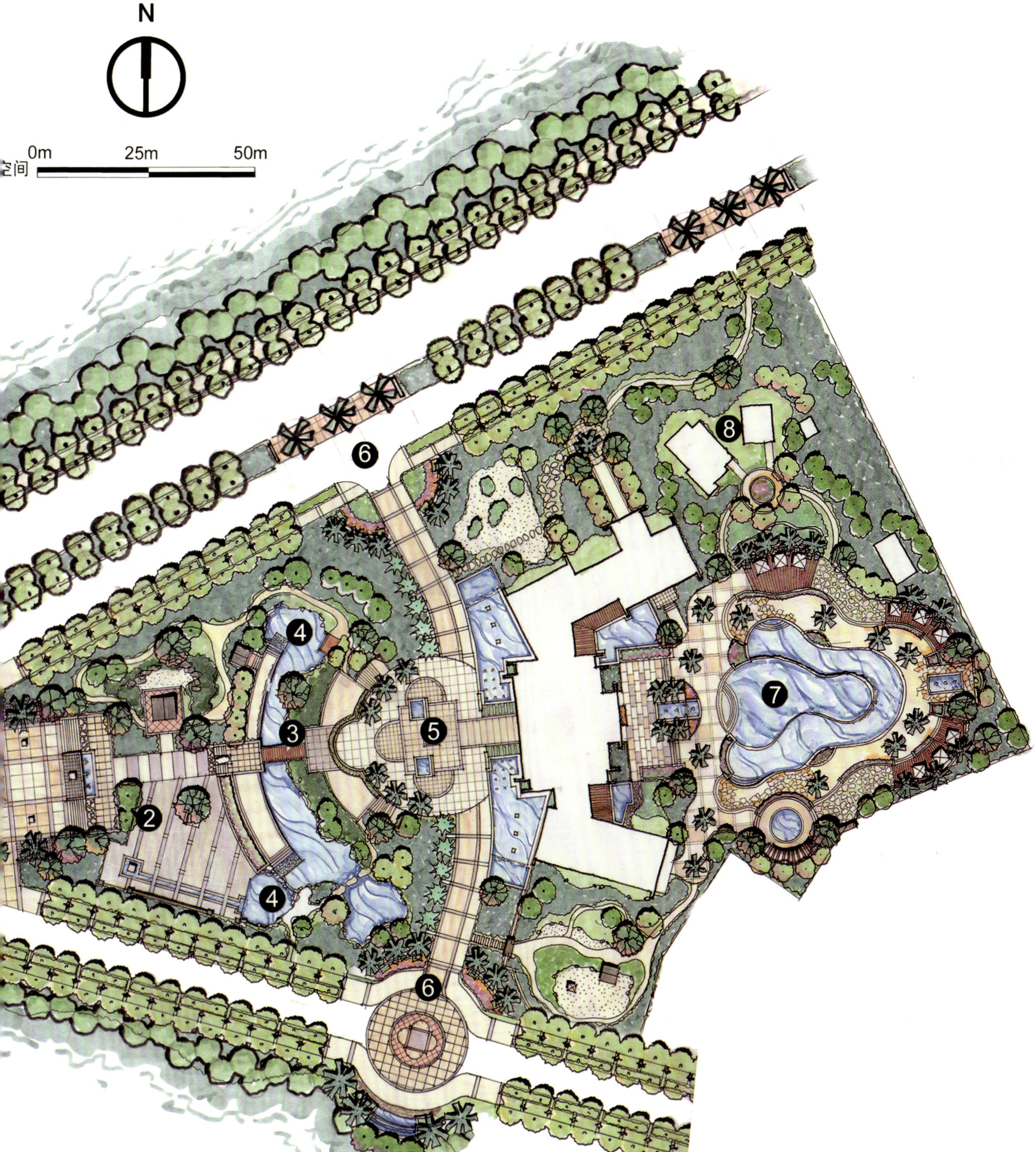
N
0m
25m
50m
间
6
8
4
3
5
7
2
4
6

峨秀湖国际度假区

海南七仙瑶池温泉度假别墅酒店

设计公司：香港阿特森泛华建筑规划与景观设计有限公司
项目地点：海南省三亚市
项目面积：7.3万平方米

本项目景观风格定位为经典泰式RESORT风格（RESORT词源于常去的地方，胜地，进而引深为休闲度假的意思）该景观主要体现为自然、古朴并点缀历史文化艺术于其中，这与现代都市人们对居住文化的理解是相一致的，所以此次景观设计理念的精髓应充分体现自然、古朴、文化、艺术。通过泰式的一些标识性景观元素体现当地景观的特质，如局部体现泰式艺术特点的细腻节点（东南亚风格）设计；特色观花观叶植物；火山岩构筑物在小庭院中的运用；自然古朴石料景墙及铺地的设计等，以体现了经典泰式的人文景观。

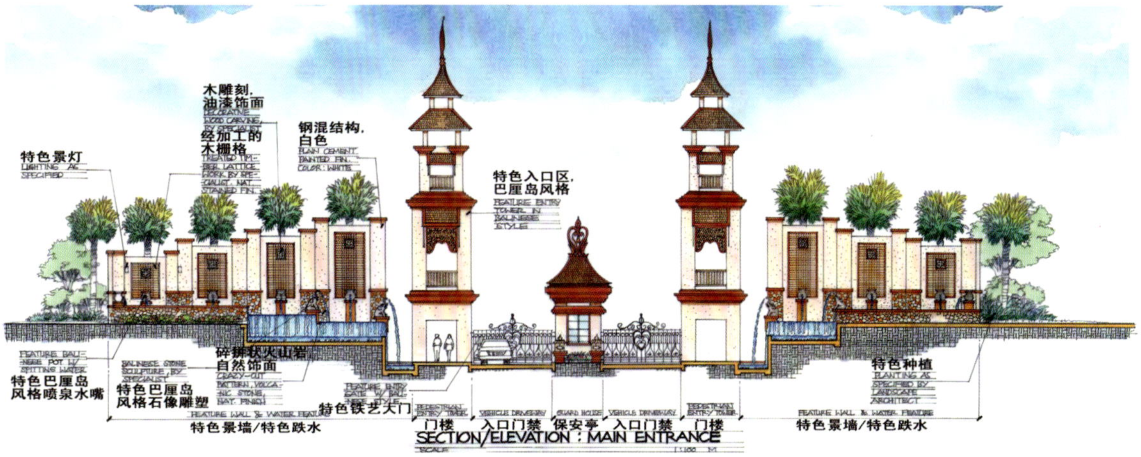
木雕刻,
油漆饰面
经加工的
木栅格
钢混结构,
白色
特色景灯
特色入口区,
巴厘岛风格
碎拼状火山岩,
自然饰面
特色巴厘岛
风格喷泉水嘴
特色巴厘岛
风格石像雕塑
特色铁艺大门
特色种植
特色景墙/特色跌水
门楼
入口门禁
保安亭
入口门禁
门楼
特色景墙/特色跌水
SECTION/ELEVATION : MAIN ENTRANCE

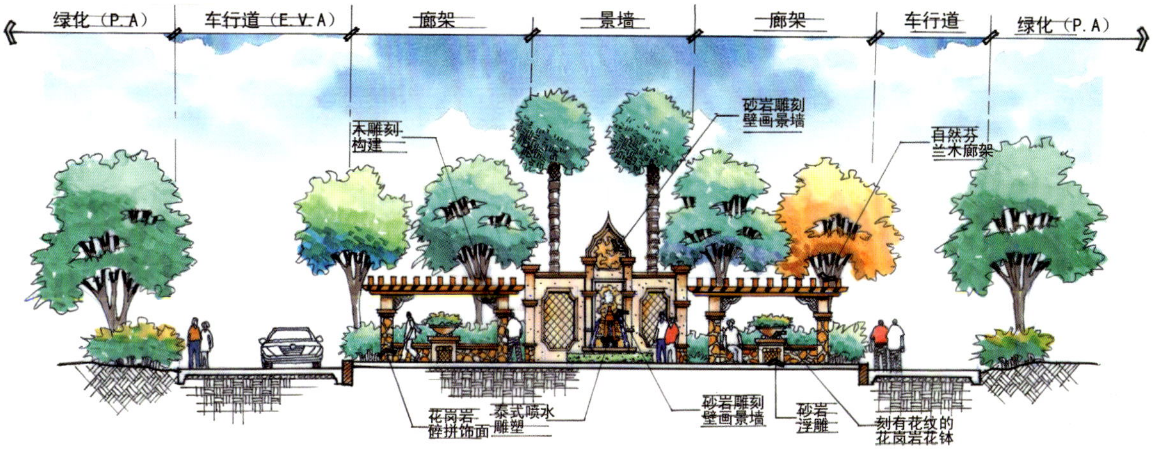
绿化（P.A）
车行道（E.V.A）
廊架
景墙
廊架
车行道
绿化（P.A）
木雕刻
构建
砂岩雕刻
壁画景墙
自然芬
兰木廊架
花岗岩
碎拼饰面
泰式喷水
雕塑
砂岩雕刻
壁画景墙
砂岩
浮雕
刻有花纹的
花岗岩花钵

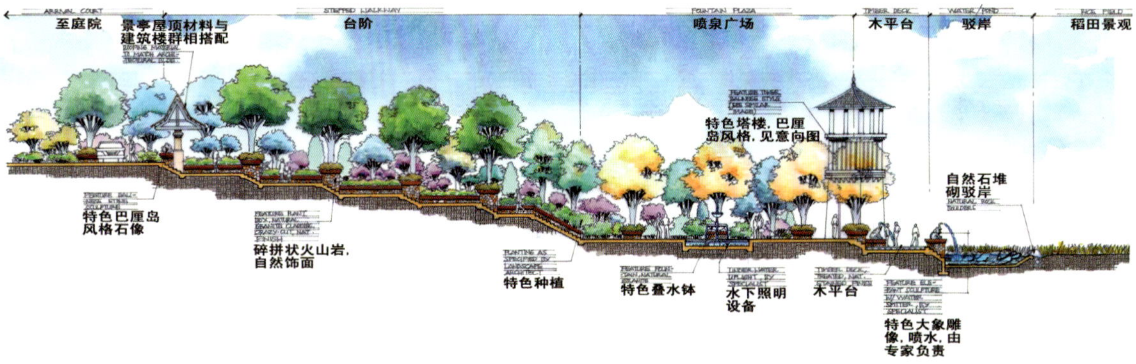
至庭院
台阶
喷泉广场
木平台
驳岸
稻田景观
景亭屋顶材料与
建筑楼群相搭配
特色塔楼，巴厘
岛风格，见意向图
特色巴厘岛
风格石像
碎拼状火山岩，
自然饰面
特色种植
特色叠水钵
水下照明
设备
木平台
自然石堆
砌驳岸
特色大象雕
像，喷水，由
专家负责

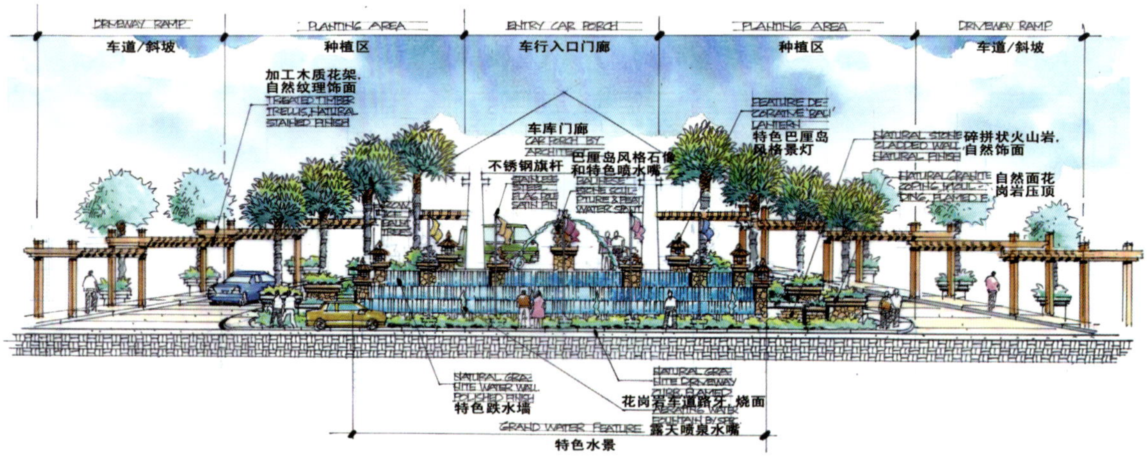
DRIVEWAY RAMP
车道/斜坡
PLANTING AREA
种植区
ENTRY CAR PORCH
车行入口门廊
PLANTING AREA
种植区
DRIVEWAY RAMP
车道/斜坡
加工木质花架，
自然纹理饰面
TREATED TIMBER
TRELLIS,NATURAL
STAINED FINISH
车库门廊
不锈钢旗杆
巴厘岛风格石像
和特色喷水嘴
特色巴厘岛
风格景灯
碎拼状火山岩,
自然饰面
自然面花
岗岩压顶
特色跌水墙
花岗岩车道路分，烧面
露天喷泉水嘴
GRAND WATER FEATURE
特色水景

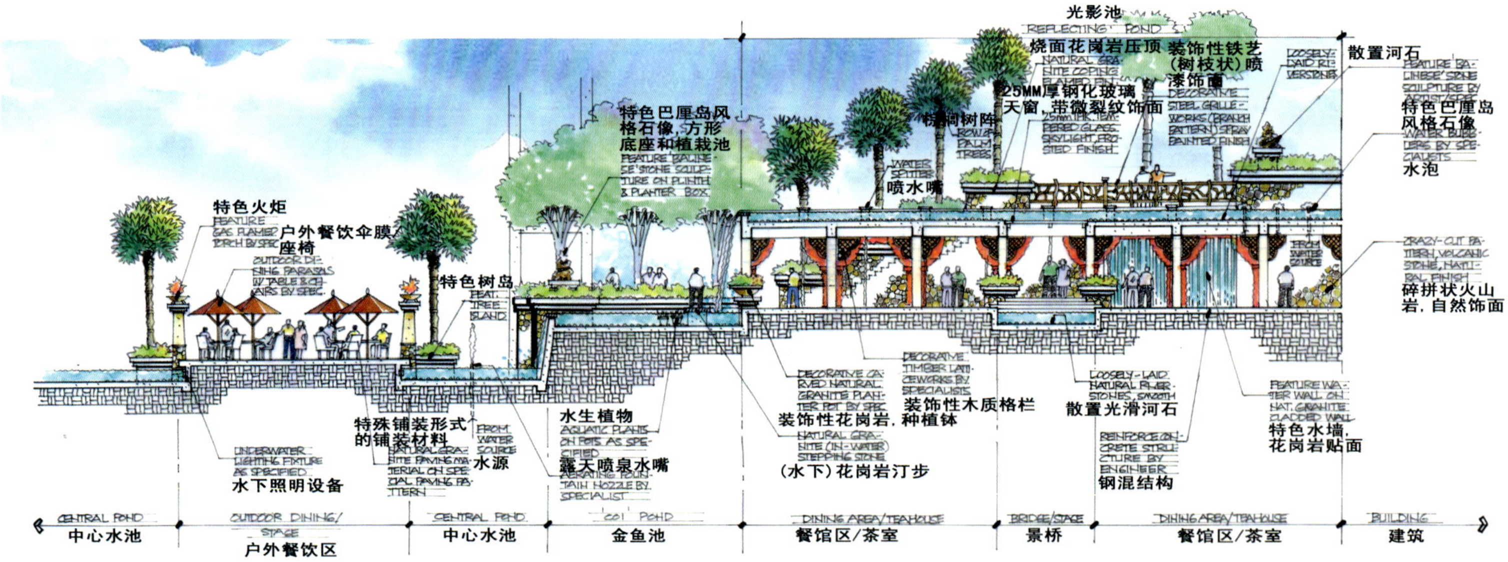
光影池
烧面花岗岩压顶
装饰性铁艺(树枝状)喷漆饰面
散置河石
特色巴厘岛风格石像
水泡
25MM厚钢化玻璃天窗，带微裂纹饰面
棕榈树阵
喷水嘴
特色巴厘岛风格石像，方形底座和植栽池
特色火炬
户外餐饮伞膜/座椅
特色树岛
碎拼状火山岩，自然饰面
装饰性木质格栏
装饰性花岗岩，种植钵
散置光滑河石
特色水墙，花岗岩贴面
钢混结构
(水下)花岗岩汀步
特殊铺装形式的铺装材料
水源
水生植物
露天喷泉水嘴
水下照明设备
中心水池
户外餐饮区
中心水池
金鱼池
餐馆区/茶室
景桥
餐馆区/茶室
建筑

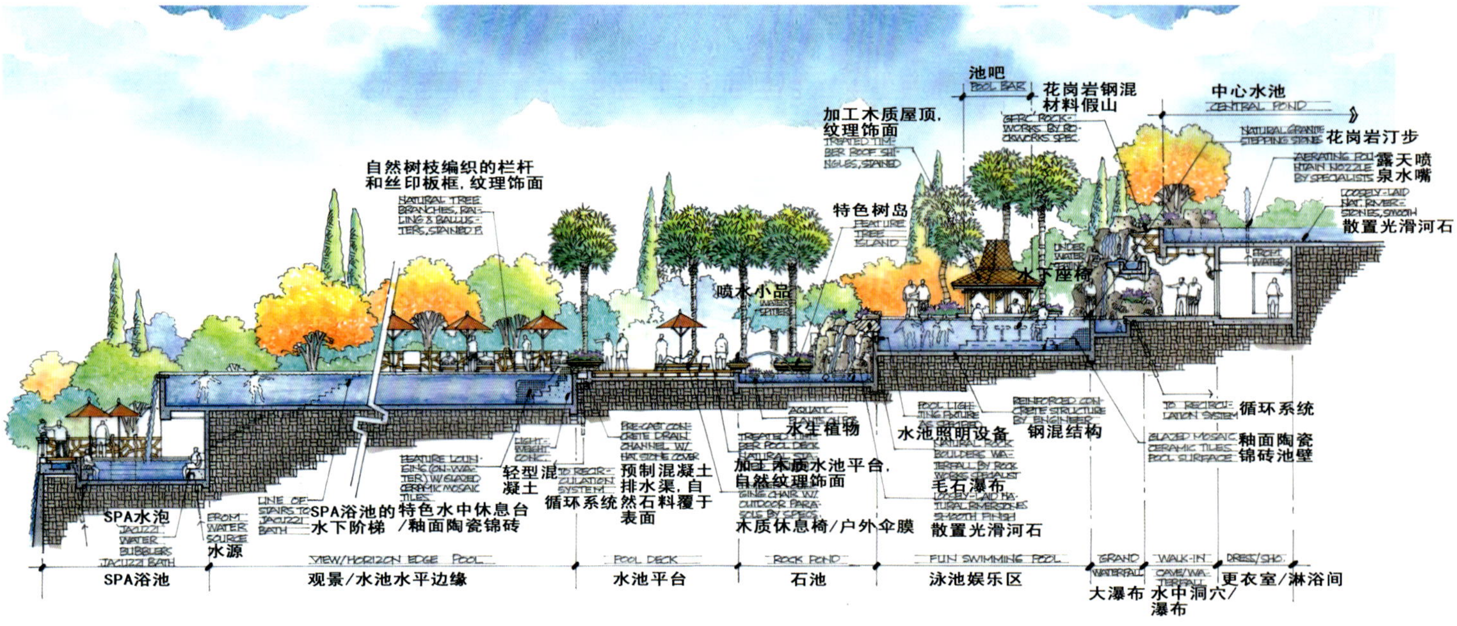
池吧
花岗岩钢混材料假山
中心水池
加工木质屋顶，纹理饰面
花岗岩汀步
露天喷泉水嘴
散置光滑河石
自然树枝编织的栏杆和丝印板框，纹理饰面
特色树岛
水下座椅
喷水小品
水生植物
水池照明设备
钢混结构
循环系统
釉面陶瓷锦砖池壁
轻型混凝土
预制混凝土排水渠，自然石料覆于表面
加工木质水池平台，自然纹理饰面
毛石瀑布
SPA水泡
SPA浴池的水下阶梯
特色水中休息台/釉面陶瓷锦砖
循环系统
木质休息椅/户外伞膜
散置光滑河石
水源
SPA浴池
观景/水池水平边缘
水池平台
石池
泳池娱乐区
大瀑布
水中洞穴/瀑布
更衣室/淋浴间

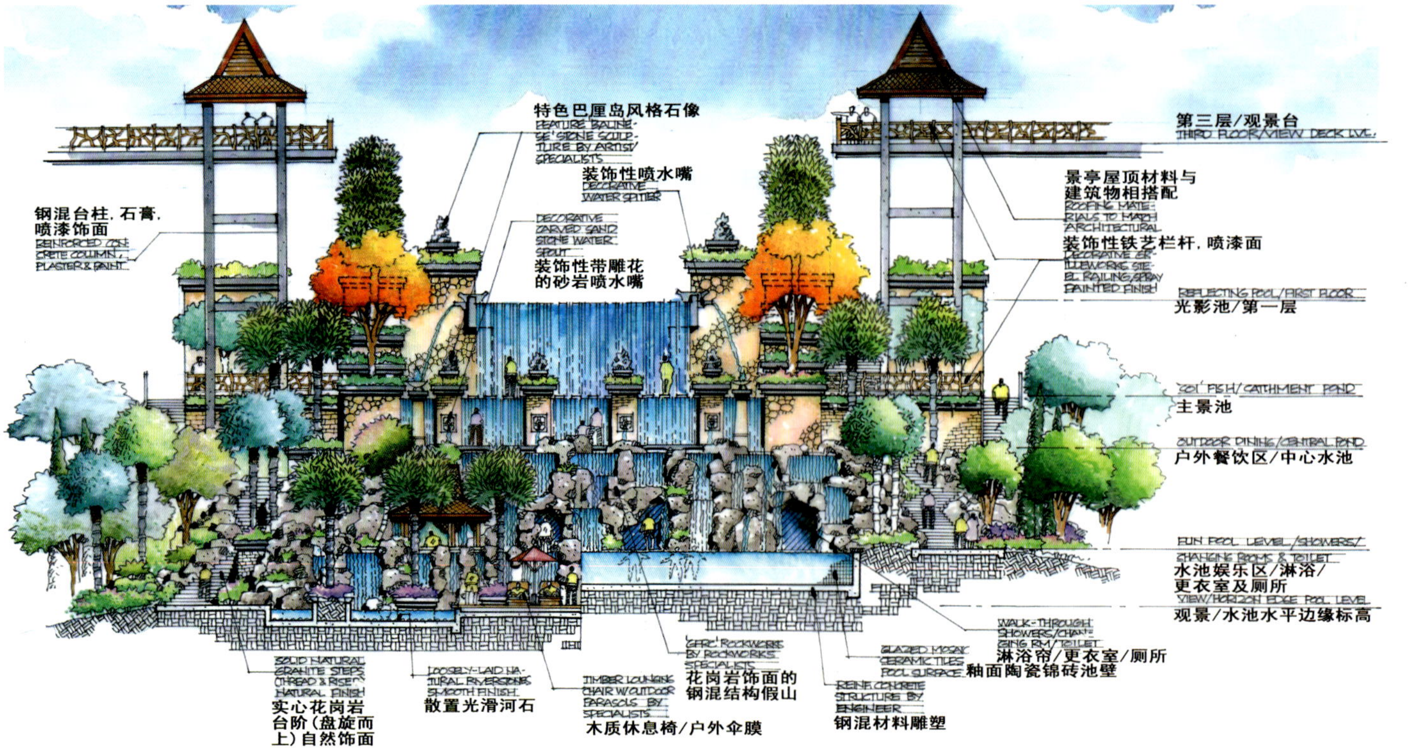
特色巴厘岛风格石像
第三层/观景台
装饰性喷水嘴
钢混台柱，石膏，喷漆饰面
景亭屋顶材料与建筑物相搭配
装饰性带雕花的砂岩喷水嘴
装饰性铁艺栏杆，喷漆面
光影池/第一层
主景池
户外餐饮区/中心水池
水池娱乐区/淋浴/更衣室及厕所
观景/水池水平边缘标高
淋浴帘/更衣室/厕所
釉面陶瓷锦砖池壁
花岗岩饰面的钢混结构假山
钢混材料雕塑
实心花岗岩台阶(盘旋而上)自然饰面
散置光滑河石
木质休息椅/户外伞膜

巢湖中庙半岛旅游度假区

设计公司：英国宝佳丰（BJF）规划景观设计公司
项目地点：安徽省巢湖市
项目面积：5万平方米

巢湖中庙半岛旅游度假区位于安徽省巢湖市西部，依山傍水，临湖而立。东临黄麓，西临巢湖，与肥西相望，北与肥东接壤，南达庐江。

本案的景观设计主题与城市空间的风格相切，与建筑形象相和谐，结合巢湖的历史文化，人文活动与自然景观塑造出巢湖整体生态环境的生命力。努力营造时尚雅致，休闲旅游的城市景观。

景观的空间设计划分为城市广场、商业街、滨水泊岸、渔人码头等景观分区。不同平面形态和竖向标高的活动空间使步行景观层出不穷，高潮迭起，在硬质景观设计中采用自然材质，铺装采用暖色系石块和花岗岩。商业街、城市广场等重要节点铺装做到细致设计。特色亲水木栈道、亲水平台、垂钓区使人与大自然零距离接触，远离市区的喧闹。

细节设计上采用了丰富多样的景观元素。韵律感强烈的轴线景观与动感趣味的滨水泊岸并存，时尚热情的商业街景观与生态雅致的绿岛景观共融。叠水、喷泉、塔楼、景墙、灯饰、栏杆、花钵等景观细节也充分体现了传统与现代的有机结合。打造出自然、雅致、时尚的旅游度假区。

总体景观规划风格采用简洁，大尺度的滨海景观，设计出的滨水驳岸适合进行各种娱乐活动。景观设施布置考虑了包括残疾人员在内的各种人群需求，充分利用现有地形形成的自然生态的现代滨水度假景观。

① 入口广场
② 喷泉广场
③ 滨水商业街
④ 景观石桥
⑤ 中心跌水景观
⑥ 景观灯柱
⑦ 观景塔
⑧ 亲水木栈道
⑨ 雕塑广场
⑩ 观景平台
⑪ 亲水平台
⑫ 景观小品
⑬ 灯塔
⑭ 渔人码头
⑮ 景观亭
⑯ 垂钓区
⑰ 景观廊架
⑱ 喷泉跌水
⑲ 停车场
⑳ 休闲桌椅

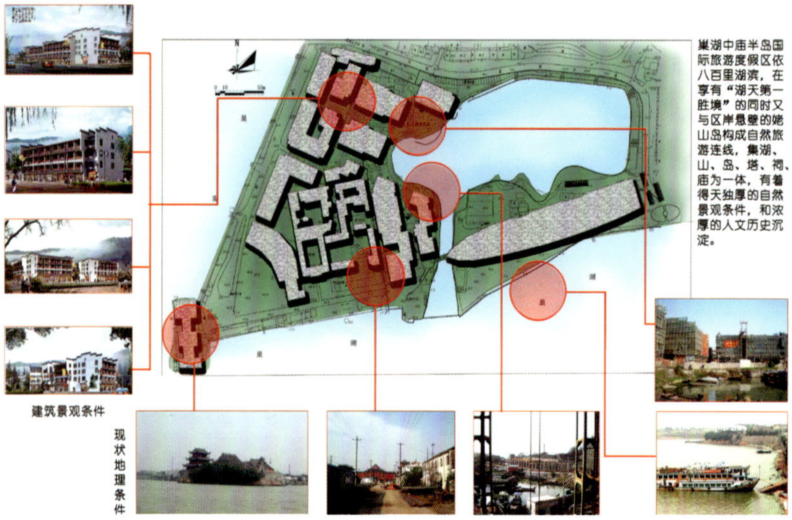

巢湖中庙半岛国际旅游度假区依八百里湖滨，在享有“湖天第一胜境”的同时又与区岸悬壁的姥山岛构成自然旅游连线，集湖、山、岛、塔、祠、庙为一体，有着得天独厚的自然景观条件，和浓厚的人文历史沉淀。

巢湖半岛位于安徽省巢湖市西部，巢湖北岸，依山傍水，临湖而立。东临黄麓，西临巢湖，与肥西相望，北与肥东接壤，南达庐江，距安徽省省会合肥与巢湖区各48km，距江苏省省会南京约120km。

规划范围内北侧现有一条由西北至东南的过境滨湖大道，基地内部有较大的水面，即原来的渔船码头及避风港湾，东侧为一期商业文化步行街，为坡屋顶徽式建筑，此次工程即是商业街和避风港滨水景观的规划设计。

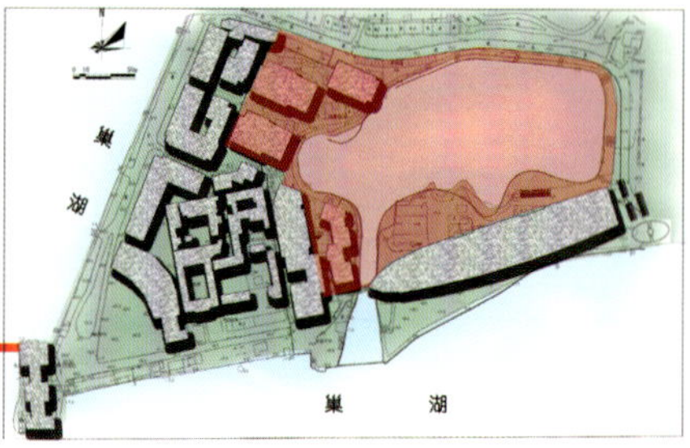

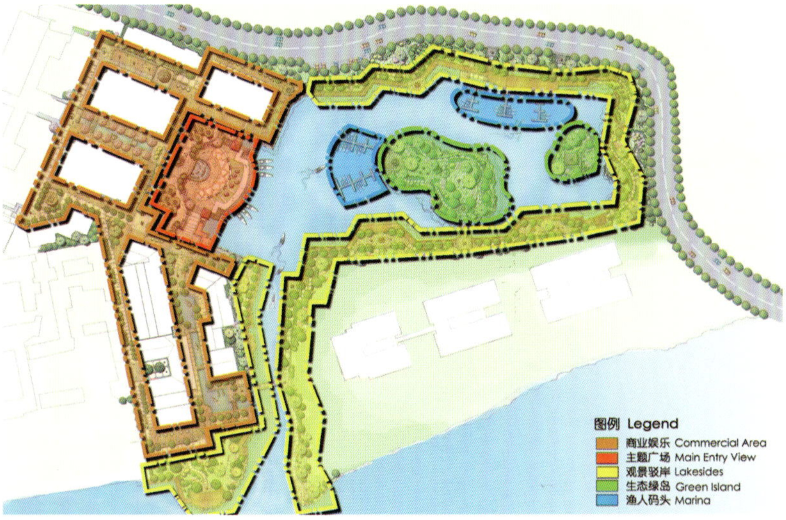
图例 Legend
商业娱乐 Commercial Area
主题广场 Main Entry View
观景驳岸 Lakesides
生态绿岛 Green Island
渔人码头 Marina

中心景观节点 Centrality Sightseeing Point
主要景观节点 Main Sightseeing Point
商业景观轴 Axis of Commerce
观湖景观轴 Axis of Lakeview
景观视线 View Direction

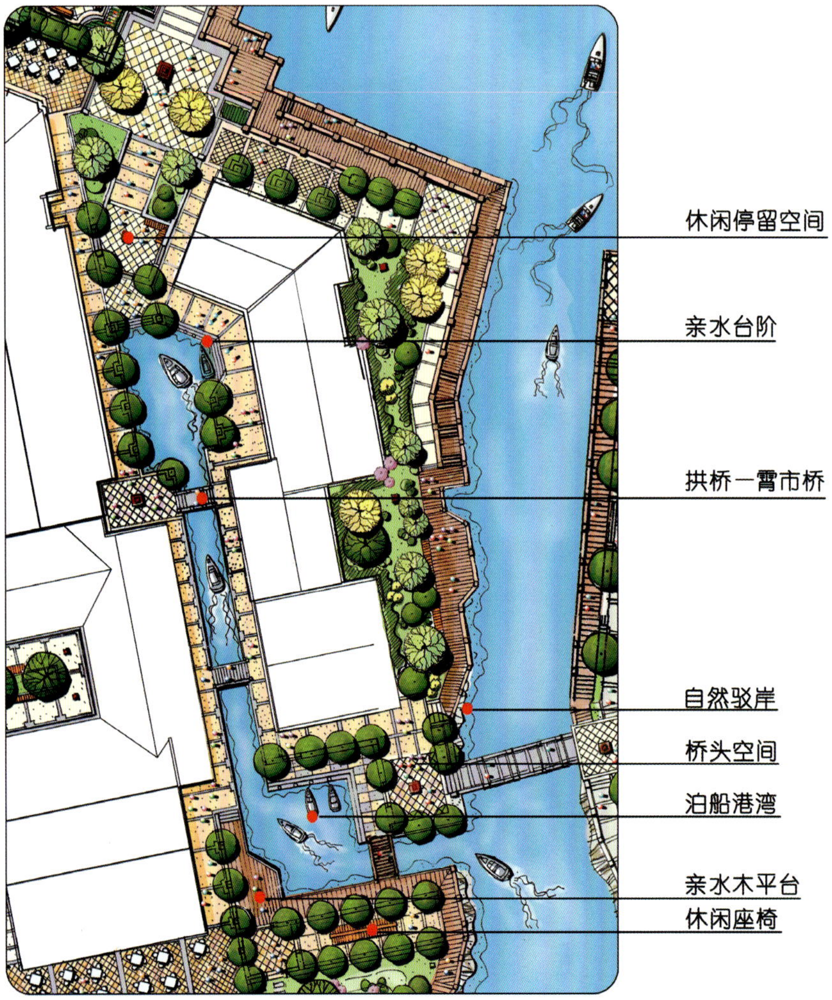

参考方案一

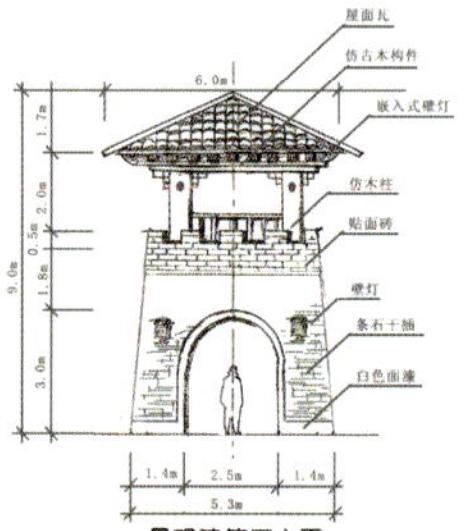

景观建筑正立面

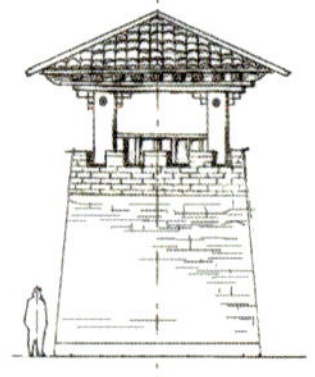

景观建筑侧立面

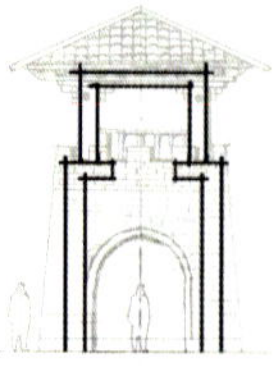

景观建筑结构示意

参考方案二

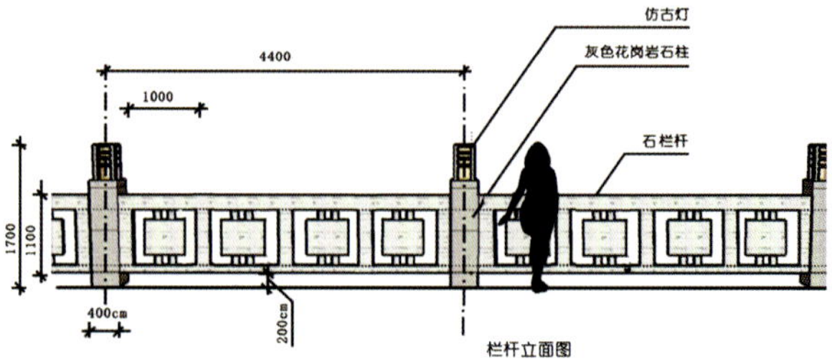

栏杆立面图

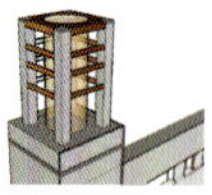

栏杆柱头示意

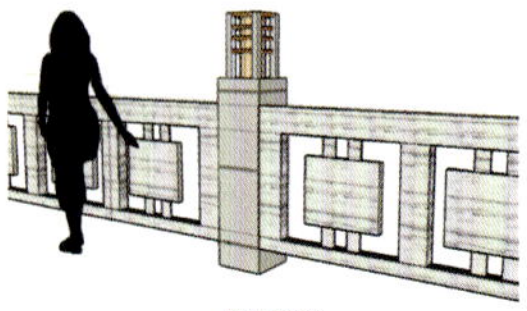

栏杆示意

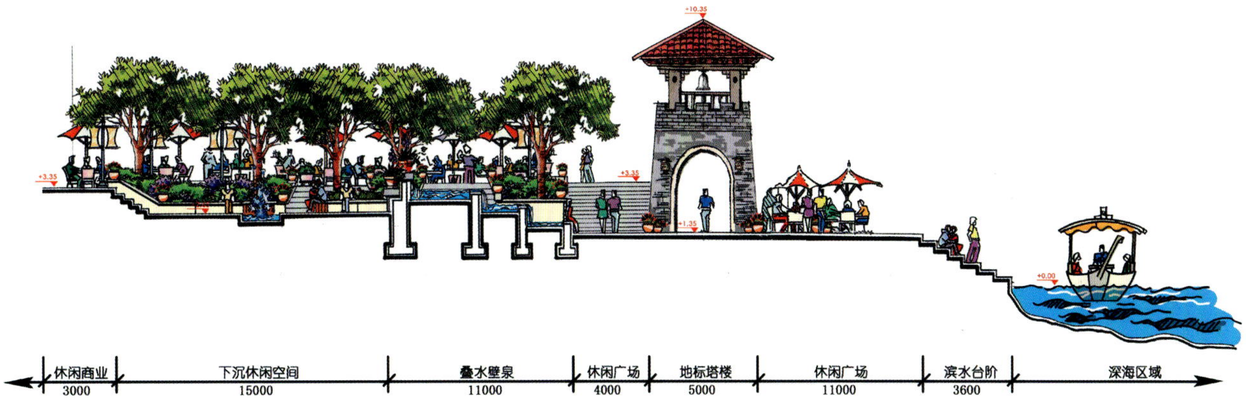

中心广场剖面 1: 250

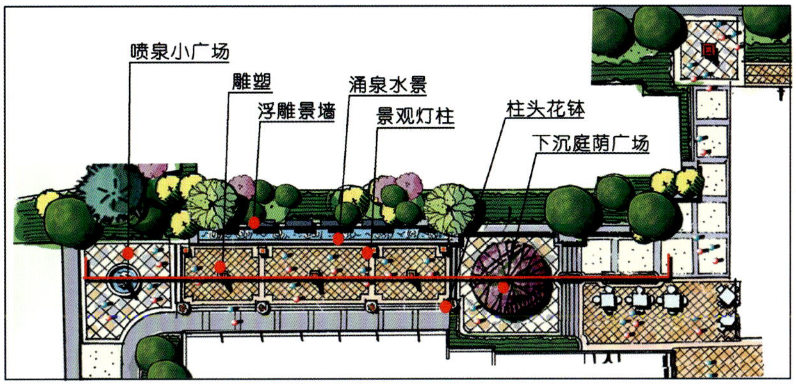

北侧楼间剖面 1: 250

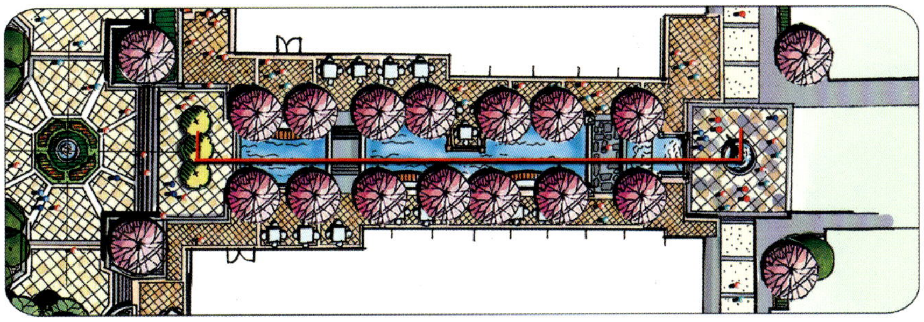

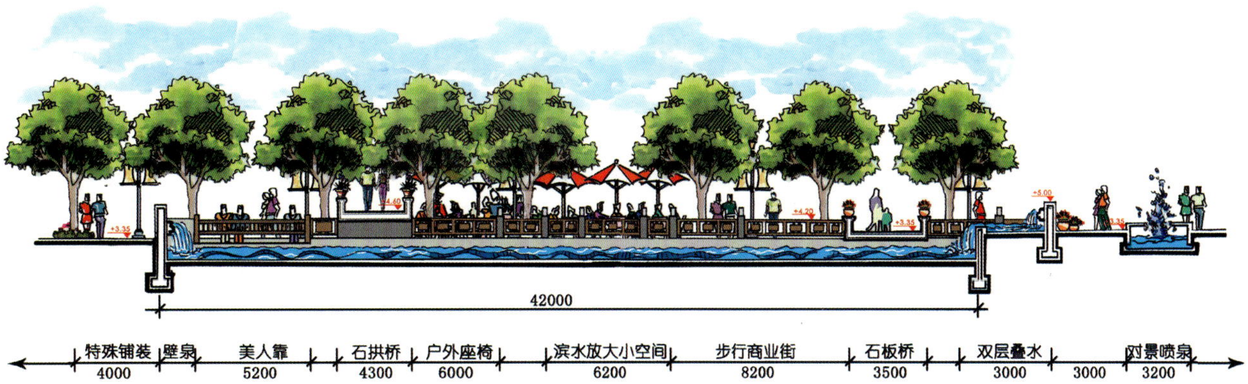

中心楼间滨水商业剖面 1: 100

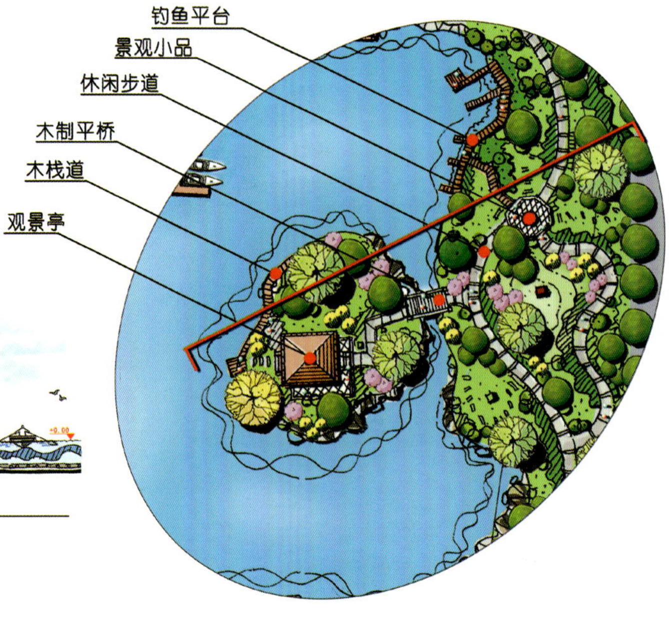

滨水步道剖面四 1：250

1-1剖面图

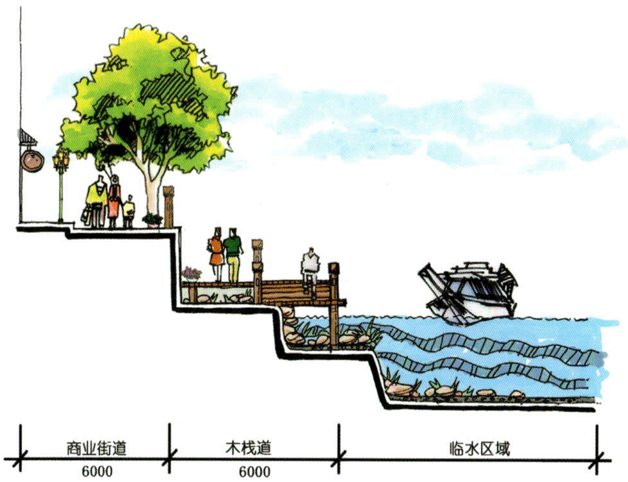

2-2剖面图

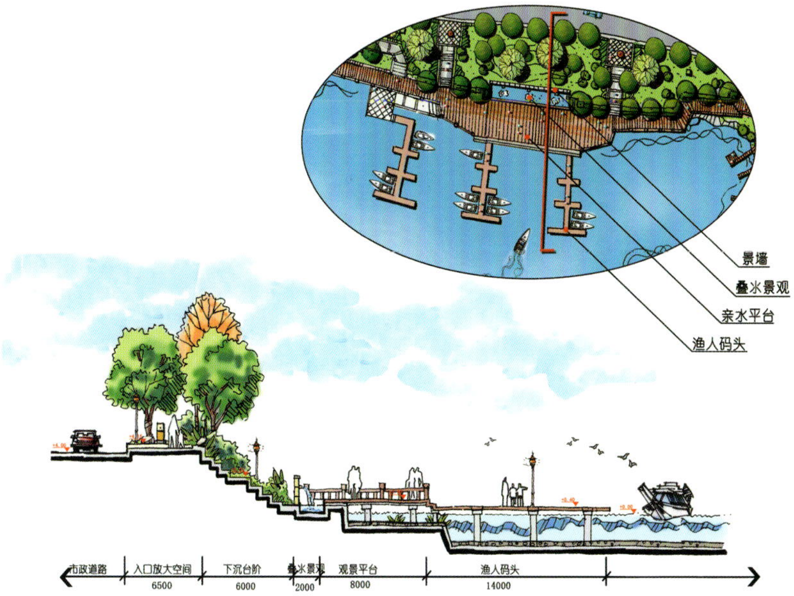

滨水步道剖面三 1：200

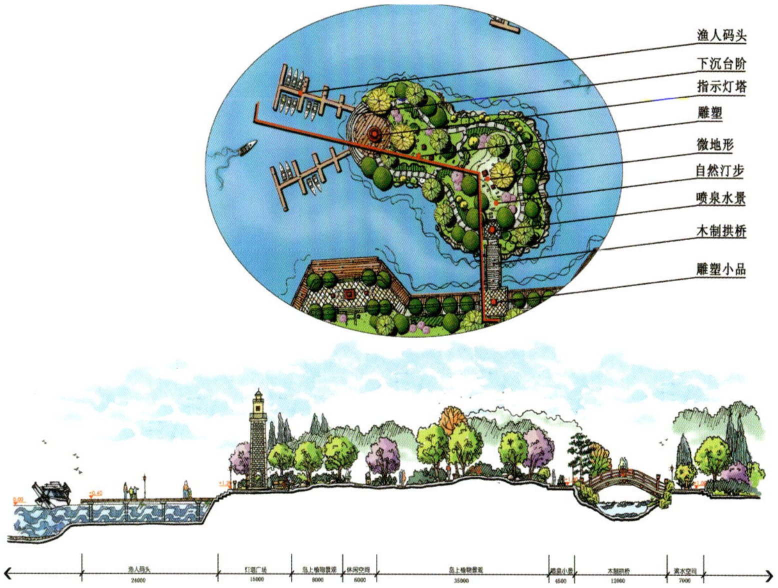

中心岛剖立面图1：200

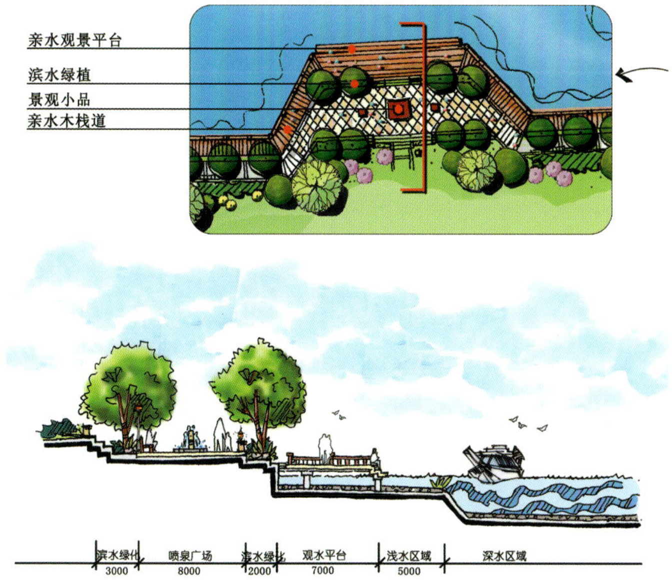

滨水步道剖面图 1：200

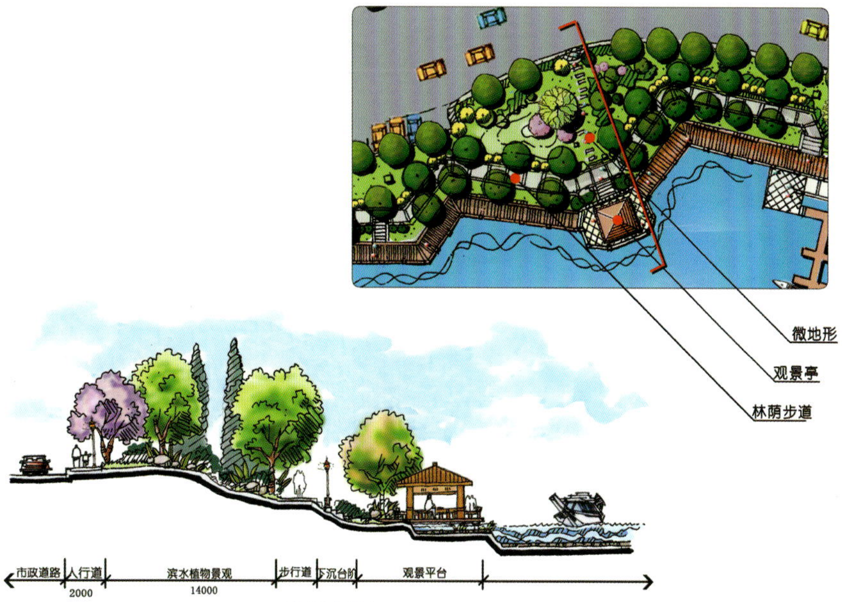

滨水步道剖面一 1：200

墨尔本国际会议会展中心

设计公司：澳派(澳大利亚)景观规划设计公司
项目地点：澳大利亚墨尔本

墨尔本会展中心是全球第一个六星级的绿色建筑。公共区域景观设计的范围包括：会展中心，酒店，零售区，住宅区，公共广场，滨水人行道，会展中心公园的改造与重建、历史景观的利用与重建。

公共空间景观设计的主要原则：

保证地块内全天侯的便捷通行，设立清晰的人行道和自行车道系统，打造雅拉河畔滨河景观，为居民，游客，购物者，参观代表等不同的人群提供不同的功能设施，处理会展中心至雅拉河的连接与通道，历史景观的利用与重建。

公共区域铺地：

路面主要的铺装材质是青石（墨尔本当地材料），其次是再生花岗岩铺地以及高档混凝土铺地。其他小型区域和周边地区采用不同的铺地材料，如小鹅卵石，花岗岩格，乔木周围可渗透铺地，彩色混凝土铺地和沥青等。整个商业区使用的可触知的铺地，标出危险区域，上下台阶和过街人行道，方便盲人的使用。

植被选用原则：

延续雅拉河林荫道使用的植物类型；

采用耐旱植物；

大树冠、可遮荫的植物；

采用夏日遮荫、冬日透光的植物。

Hilton

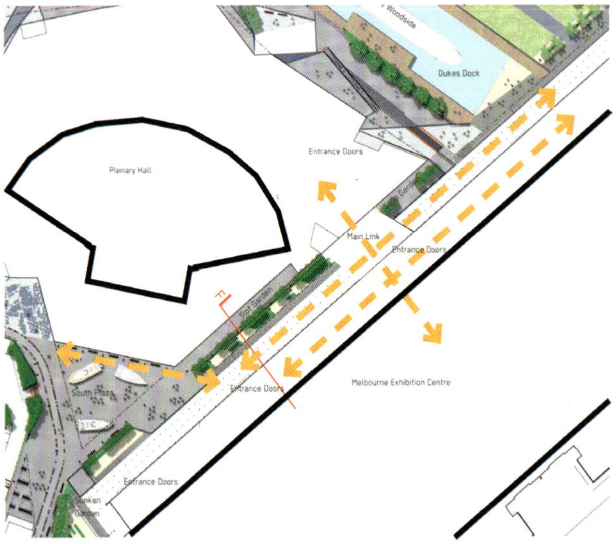

Plan Exhibition Interface

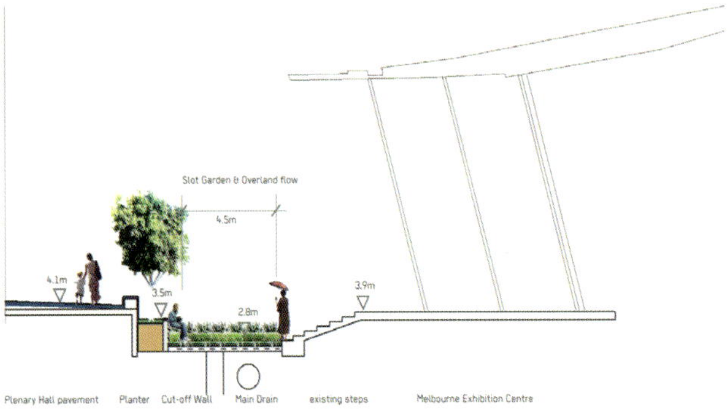

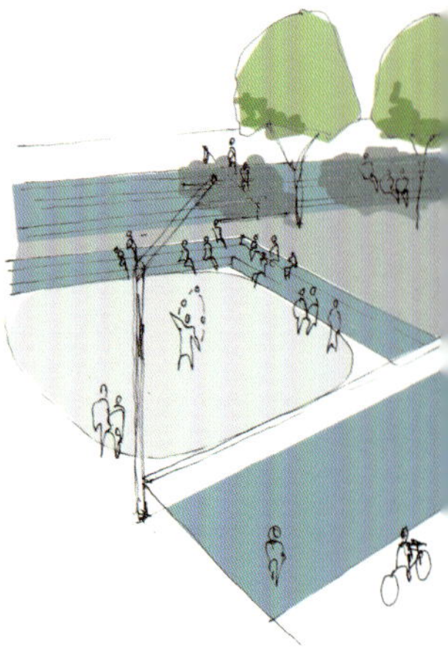

ENTION CE

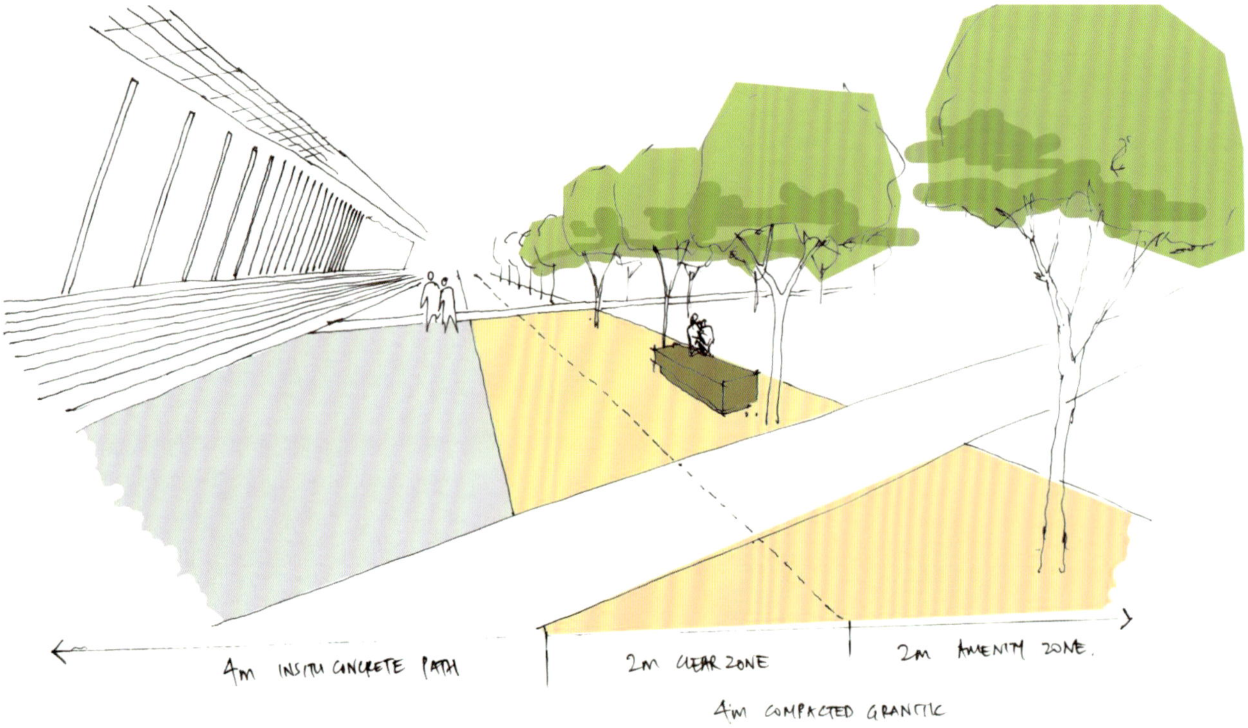
4m INSITU CONCRETE PATH
2m CLEAR ZONE
2m AMENITY ZONE.
4m COMPACTED GRANITIC

San Joaquin县行政大楼

设计公司：雷安国际景观设计（北京）有限公司
项目地点：美国加州斯托克顿市
项目面积：约1.85万平方米

HLA作为设计及建设团队的一员，负责该项目的环境景观设计，并最终获得了县政府的设计奖励。该项目中的入口广场设计、大型户外喷泉设计、乡土种植、室外家具、场地安全性及多处户外庭院都获得了LEED奖项提名。该大楼为雇员及访问者提高了工作环境质量，使人身更为安全，减少了犯罪及涂鸦的机会，并促进了城市周边整体设计质量的提升。由于该项目需通过LEED体系认证，设计中对乡土植物、灌溉用水及保持和材料可回收等方面进行着重强调。HLA对该项目进行了从方案设计、深化设计到施工设计及监管的全程设计服务。

CARL DALIO

拉萨圣瑞吉酒店

设计公司：豪斯泰勒 张 思图德建筑设计咨询（上海）有限公司
项目地点：西藏自治区拉萨市
项目面积：2.7万平方米

项目的景观设计灵感来源于独特的藏族纺织、珠宝、服饰、绘画、玉打、民间传况以及其独特的文化。以下为每个区的景观设计说明。

一区

主入口地区的景观奠定了整个项目的基调，体现度假酒店景观设计的创意。多变的地形组合灵感来源于藏族的绘画。

二区

庄重的贵宾主车行入口旁，成形的榆树列队排列在入口旁。当地的常绿云杉为整个布局提供了边缘界定。

三区

较低的景观高地设计灵感来源于西藏绘画，由回收材料制成的玻璃、当地灌木、多年生植物和草本植物构成。

四区

此处是气势宏伟的庭院。客人们将会看到藏式的香炉。位于庭院的中央的是一个特色香炉，四周有仿开花树。

五区

在藏式绘画的灵感启发下，我们建议将可回收的玻璃嵌入混凝土当中，形成云朵形状图案。

五区

景区为特色水池。水池的云朵图案的灵感来自藏式绘画。我们在其中一个水中种植区内设置了一处静思区。

六区

此处特色是原生的柳树，配以江嫩树、小柳树以及当地的槭树。我们希望将此处设计为特色人行景观。在冬天，特色元素是悬挂在原生柳树上的珠宝雕塑。

七区

这是整个酒店中最私密的水景，我们的方案是把这块建成一年四季的景色怡人的地方，种植槭树和山桃科装饰树。

我们希望这个源自藏文化的景观方案能够真正彰显其神奇的环境特点。在温泉疗养区这样的高品质中心区域，通过可持续的设计原则，尽可能减少留在这片净土上的痕迹。

OR REFERENCE ONLY,THE
T THE PLANT IS.

代表的实际植物颜色为准。

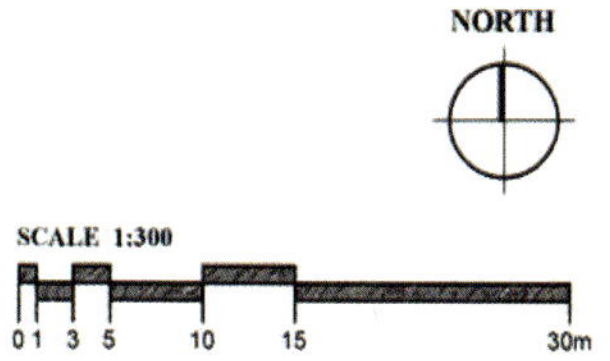

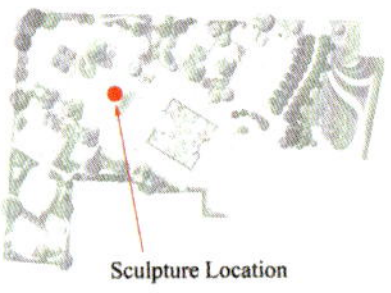

Sculpture Location

St. Regis, Lhasa, Tibet
"Castle in the Lake" Sculpture
Location: Large Pond

It is Told in Tibet That There was Once a Beautiful Lake Surrounded by Mountains Which Cast Shadows Across the Water of Such Proportions that it Looked as if There was a Castle in the Depths of the Lake. Many Stories Grew Around This Mythological Underwater Castle, Including the Tibetan Folk Tale "The Castle in the Lake" Which Tells the Story of a Young Herdsman who Ventures to the Castle to Meet the King and Tell His Plight. The King Grants Him a Magical Dog and Chest Which Lead to his Eventual Fortune and Happiness.

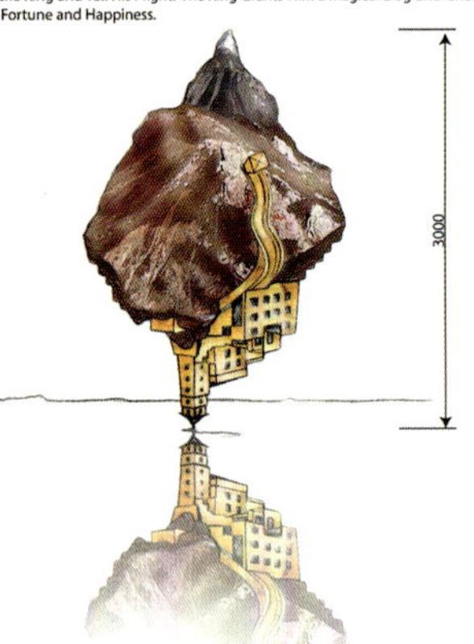

Polished Bronze Sculpture of a Castle Mounted to Natural Rough Granite Chiseled into the Shape of a Mountainscape. Four Bronze Walls Begining at the Castle and Ending in Four Towers Would Wrap Halfway Up Each Side of the Rock.
The Sculpture Would be Mounted Over a Pool of Water With the Tip of the Castle Tower Touching the Surface of the Water. The Reflection of the Gleaming Castle in the Water Would Represent the "Castle in the Lake."

Hedge Location

Lotus Bloom Shape Cut Into Courtyard Hedge. Pattern Repeated Around Perimeter.

Wire Mesh Structure Can Be Inserted in Hedge As Template For Shrub Pruning

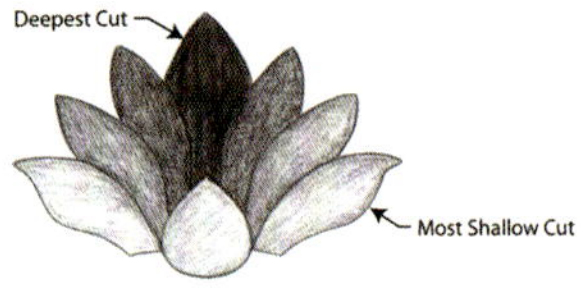

Petals of Bloom Cut into Hedge at Varying Depths

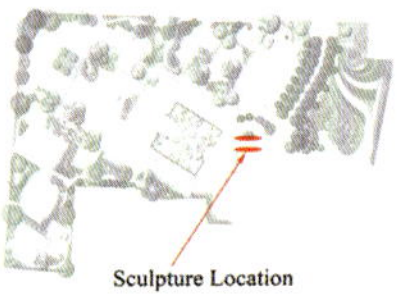

Sculpture Location

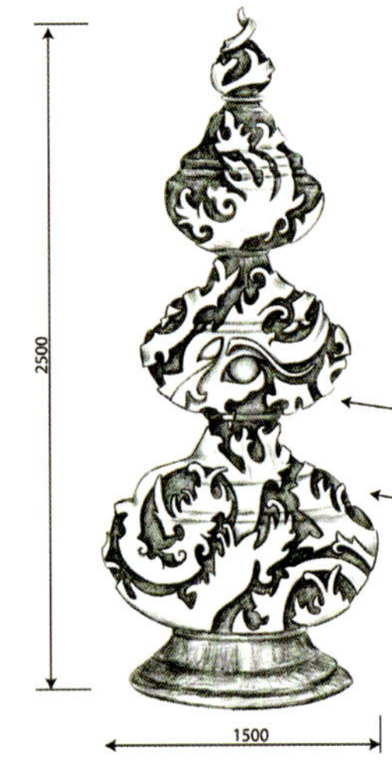

FRONT ELEVATION

Optional Water Spout

Bronze Sculpture With Relief Pattern of Makara Creature in Polished Finish. Background Given Dark Patina With Pattern Cut Away to Reveal Inner Light.

Entry Ramp Rendering

The Makara: an Ancient Indian symbol, is the Combination of a Crocodile With Many Other Creatures and an Ornate Foliated Tail. The Makara Symobilzes Firmness and Unshakeability. In Tibetan Culture it is Considered a Guardian of Gateways and is Often Represented Forming a Doorway. The Makara is also Representative of Water and is Commonly Depicted With the Mouth Forming a Spout For Water.

Traditional Tibetan Incense Burner

Makara Drawing

Makara Sculpture

Sculpture Location
Ribbons of Polished Bronze Wrap Around and Support Large Pieces of Colored Glass With Internal Lights. Sculpture Spans from the Ground to Trees Where it Intertwines in the Tree Limbs.
The Precious Jewel
Symbolizing Power and Wish-Fulfillment, it is Considered in Tibetan Culture to be one of the Seven Jewels of Royal Power. Among Other Things The Jewel Gives the Owner Light, Radiating in the Colors of Blue, Yellow, White, Red, and Crimson. The Jewel Also Gives Health and Perfects Parks, Trees, Ponds, Gardens, and Forest.
Sculpture Height Variable Depending on Tree Sizes. Ranging from 3.5M - 8M.

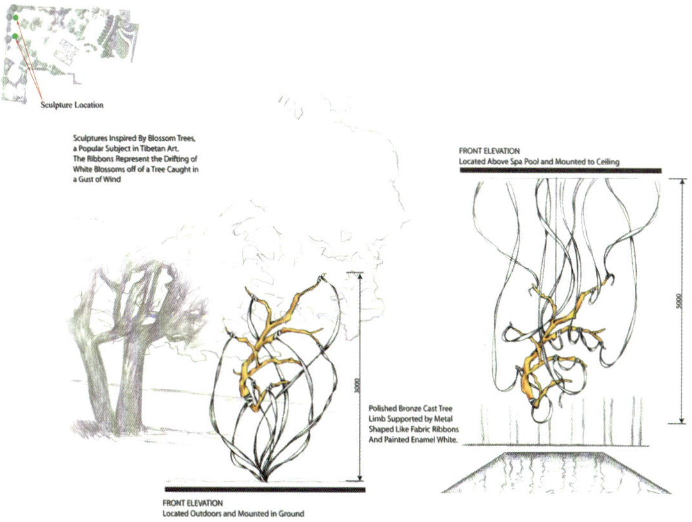

Sculpture Location
Sculptures Inspired By Blossom Trees, a Popular Subject in Tibetan Art. The Ribbons Represent the Drifting of White Blossoms off of a Tree Caught in a Gust of Wind
FRONT ELEVATION
Located Above Spa Pool and Mounted to Ceiling
5000
3000
Polished Bronze Cast Tree Limb Supported by Metal Shaped Like Fabric Ribbons And Painted Enamel White.
FRONT ELEVATION
Located Outdoors and Mounted in Ground

中科研发园景观

设计公司：广州土人景观顾问有限公司
项目地点：广东省深圳市
项目面积：约2.2万平方米

项目位于深圳南山高新技术区南区，身处新旧夹杂的多层办公楼与高层写字楼包围之中。场地标高流线复杂，归属与形态不明确，周边多家单位停车问题复杂，正是如何常见的混乱无序的普通城市地块。营造成实用的、积极的、有魅力的城市公共空间成为本次设计的目的和挑战。

一座曲折错落的景观桥体镶嵌于异形水池与种植了植物的容器之上，成为主景。围绕桥体组织交通流线，连接离散空间。桥底设置数排光影柱，轻盈宛如波光流动。桥面分割成不同尺度的踏面，分作交通与休憩之用。桥下遮荫，桥上休憩。以形态本身来满足人性需求；

同时，人在行动中滞留，成为风景。看与被看，问此处体现出了戏剧的张力之美。

1. 入口雕塑
2. 水池
3. 金属种植槽
4. 景桥
5. 小广场
6. 移动树池
7. 种植区
8. 停车位
9. 室外茶座
10. 屋顶花园
11. 空中花园
入口
车行入口
UP
9F
车行入口

FANGDA
中国科技开发院

TCL
TCL

江南广场

设计公司：荷兰尼塔（NITA）设计集团
中方合作设计公司：上海城市建设设计研究院
项目地点：中国上海市
项目面积：约25.3万平方米

"中国制造" → "中国创造"

中国制造：

江南造船厂——中国制造业的先行

中国创造：

2010 世博会——当代中国创造国家新仪态的盛会

从“制造走向创造”

这片土地经历一百多年的沧桑巨变，这里曾经是中国的“第一工厂”。从封建社会到世界强国，这片土地承载着太多的希望和梦想。昨天在世界强国的压迫下创办江南机器制造局，用“制造”支撑起中国图强的脊梁，今天在世界的瞩目下用“2010”世博的创造来演绎我们富足的翅膀。我们用身体贴近这片土地，感受它华丽的转身，用世博的舞台来演绎一百多年前创办这片场地之初国人的 “自强”和“求富”梦。设计从“中国制造”到“中国创造”演奏着这片土地神奇的变迁。设计方案提出了从“制造到创造”的设计概念，以此概念为线索，叙事性地展开了这个曲折的故事。

制造：江南造船厂(江南制造局)是近现代中国制造业的先行。

创造：2010世博会是当代中国创造国家新仪态的盛会。

概念节选了基地中两个极具代表性的历史活动片断，用以概括基地的本质属性和特征。江南造船厂与上海世博会都是中国发展过程中重要的时间节点，分别反映了各自发展阶段的历史背景，代表了各自历史阶段的发展状况。

制造到创造，提出了物化、文化、技术3个方面的要求。这3个方面可以保障基地遵循持续发展的规律，保障风貌延续，保障历史文化延续，保障会后的规划再实施。而浦西滨江绿地规划不仅仅是景观设计，更是借世博会东道主之机，创造一个环境与社会活动相结合的舞台布景，是展示中国以及全世界的创造性活动的片区，表述持续发展态势的平台。

Sansongyuan Road
Sansongyuan Road
Miaojiang Road
Miaojiang Road
企业馆
2
企业馆
2
企业馆
2
企业馆
2
2
2
2
主题馆
和谐塔
实践区
江
浦
黄

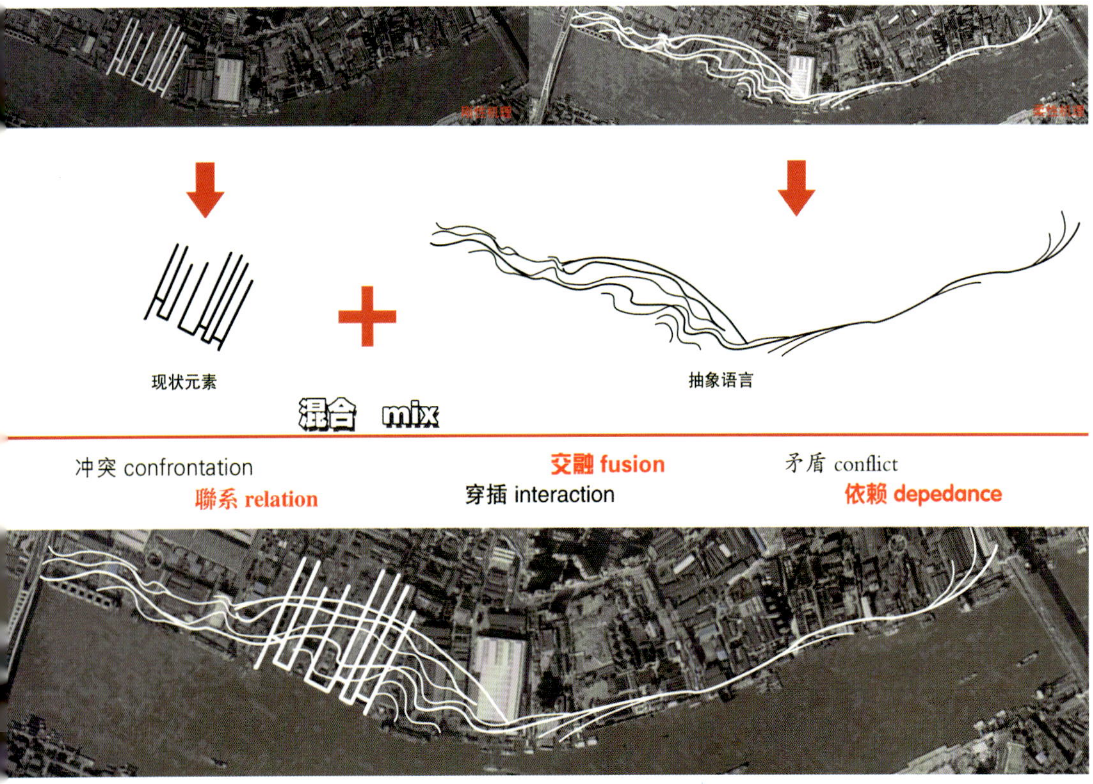
现状元素
抽象语言
混合 mix
冲突 confrontation
联系 relation
交融 fusion
穿插 interaction
矛盾 conflict
依赖 depedance

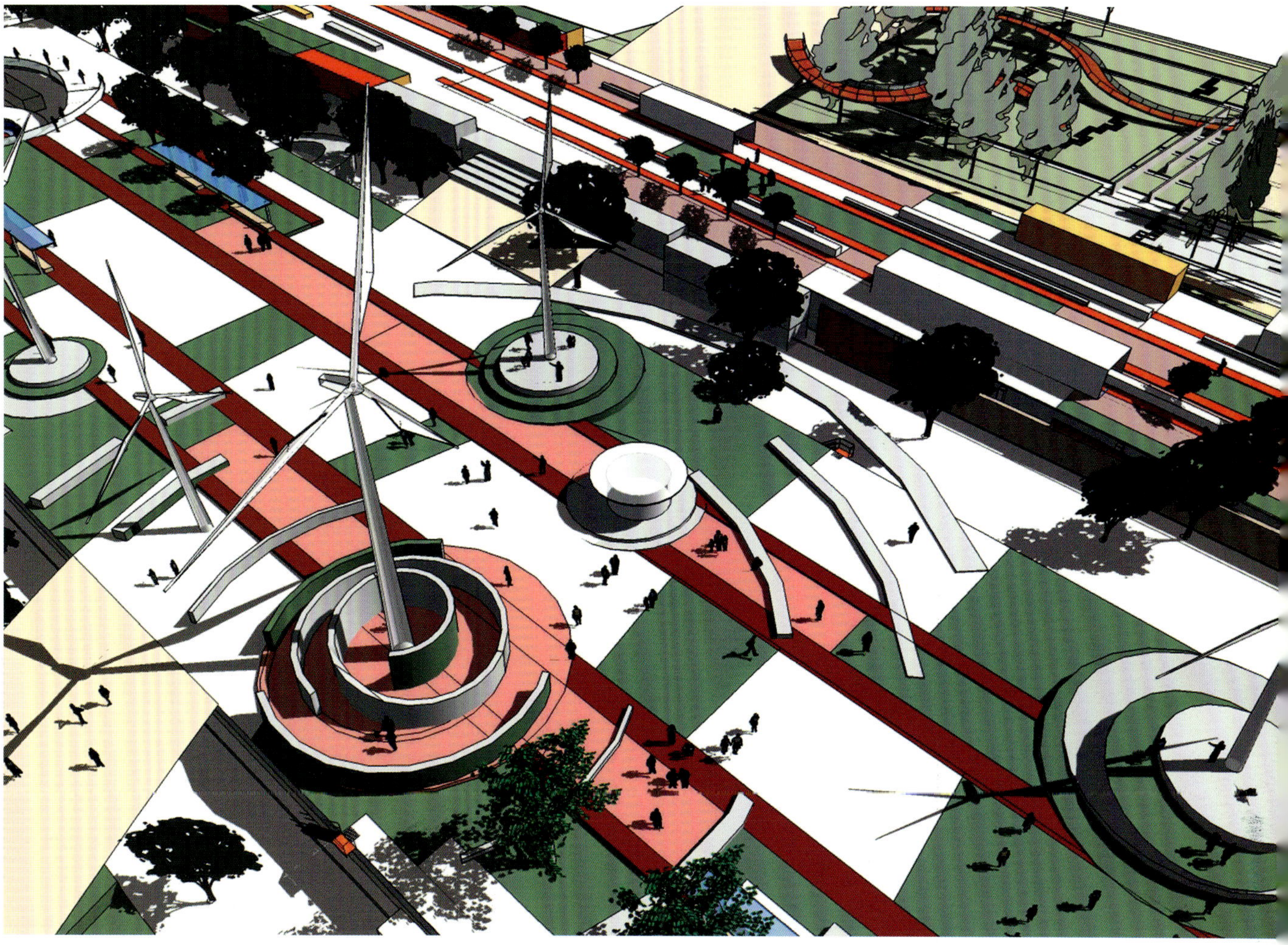

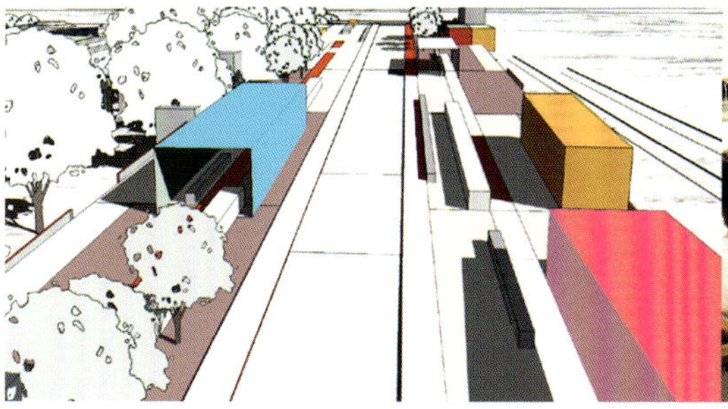

充分考虑船台场地现状，以立方体的形式构筑各种游憩活动空间。完全围合构成玻璃盒子的封闭空间；不完全封闭的形成通透的构筑物；只有底面的形成闲平台。各种性质的空间满足游人休息、遮蔽、餐饮消费的不同需求。

平台

构筑物

建筑

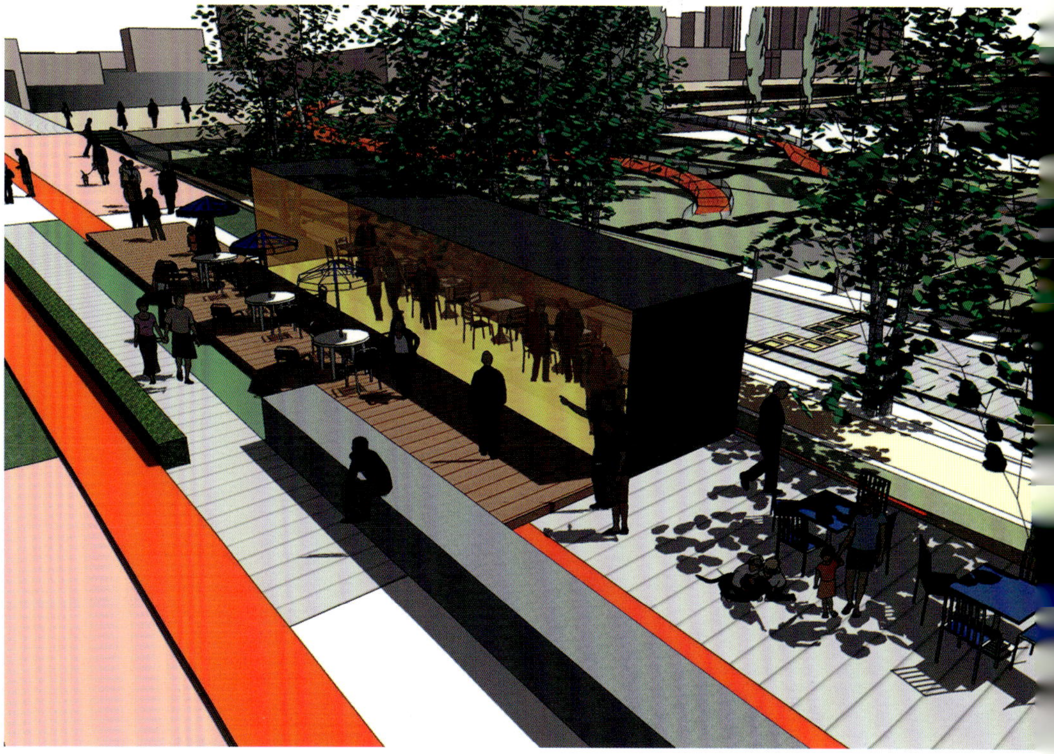

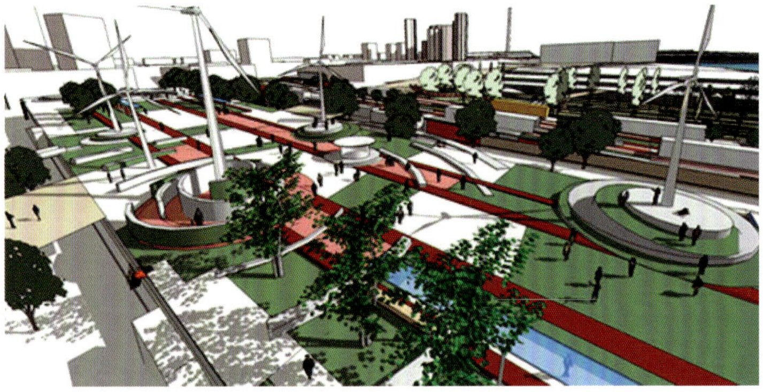

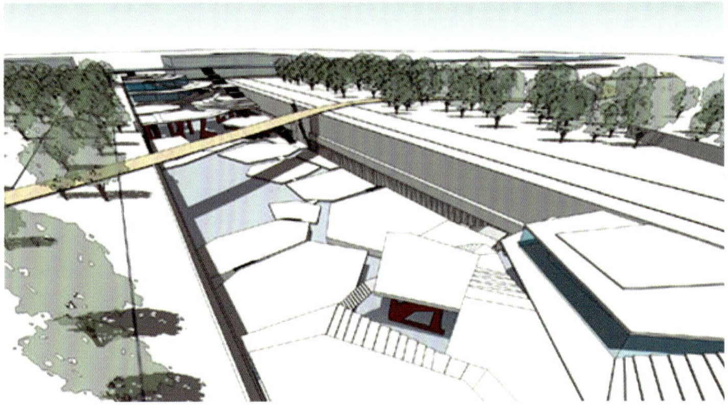

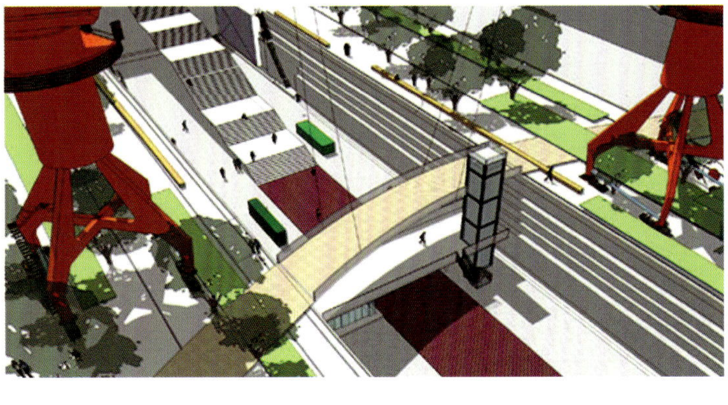

中国移动通信
CHINA MOBILE
中国电信

揭阳玉都广场

设计公司：艺普得（上海）城市设计咨询有限公司
项目地点：广东省揭阳市
项目面积：3.7万平方米

水韵玉圆——是本项目的设计主概念。

设计灵感的开端来自玉石结晶体的脉络纹理，以相应玉文化为揭阳城市生命的主轴，在玉都广场以空间序列元素开展，让到访的游客在现代生活中对玉文化有一层新的体验。

玉景观建筑设计灵感来源于玉的质地，色泽，纹理，同时结合中国文化，为揭阳打造了一个独特的、人文的开放空间。玉结晶模组化的元素研究，让空间的组成有一致性，并能因活动需求灵活运用，形成模组化的空间，让设计中的不同元素都呈现出玉与人、现代与传统的理念，空间形态和元素语汇之间的相互碰撞也营造了户外环境与室内环境的流动联系。

中轴设计以水为媒介由北至南贯穿整个基地，恢弘大气的水体采用巧妙多样的手法讲述了玉由原始璞玉到圆韵精品的整个流程。在主轴中心水池有南北2个区块，以中央廊道做为主要的通道与边界，藉由水景运用的安排设计，将南北广场视觉意象自然贯穿。中央水池最高水位的时候，是强调湖心岛的概念，让周围的商铺像浮出水面的玉一般，游人可在其上廊道穿梭，宽阔的水体让“湖光迷翡翠，草色醉蜻蜓”的意境在揭阳玉都得以体现。

水景也不局限于单一的面貌，巧妙地设计了连续性的水池和可选择的不同的水位控制系统。在不同的时节、场合，适时灵活地转换部分水池成活动空间，可以创造适宜的气氛与场地。数位化的解读，让玉石的面貌生动地体现，景观建筑上融合了现代和传统，代表玉都文化的传承与革新。

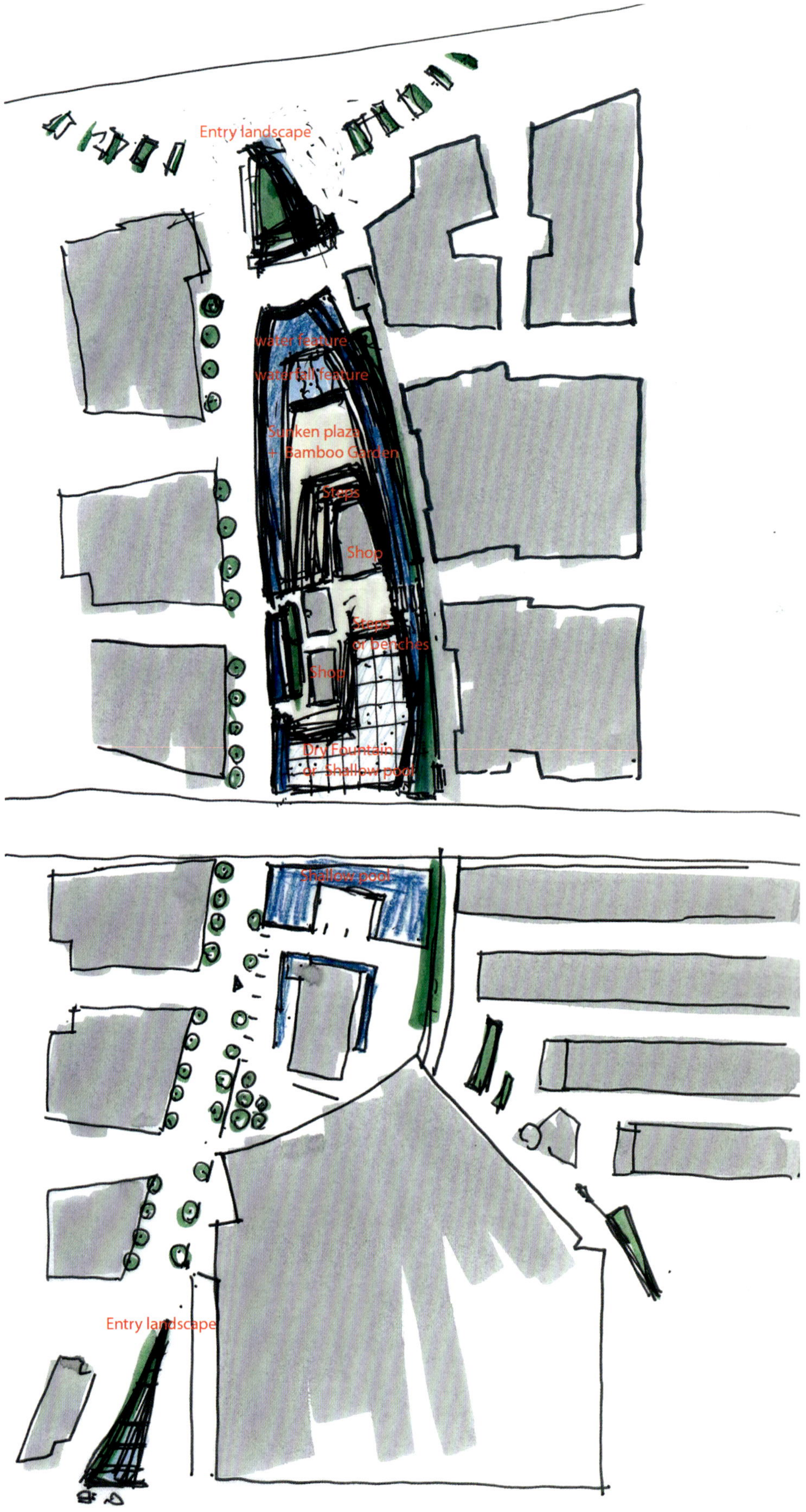

路
路
ng

亿丰

设计公司：沈阳
项目地点：辽宁
项目面积：16万

项目
体中心隔
占地面积
路、东至
要的交通
构思
该方
向延伸，
体地块，
了恰当的
一、在景
理念
本次
性的交往
与人的交
奏的时代
也使整体
策略
该设
素——竞
题元素连
景几乎展
线串联空
计方案，
亮点
各色
水面吸引
进而使场
重要节点
性，用水
地诠释了
贯而各具
连贯
该设
功能层
理在景观
性更强
合细微
观效果

美的总部大楼

设计公司：广州土人景观顾问有限公司
项目地点：广东省佛山市
项目面积：约2.3万平方米

项目通过现代景观语言回应中国岭南大地景观“桑基鱼塘”，在高速城市化的当下回归乡土景观形式与本土美感意境。阡陌交错的栈桥和道路将用地分割成大小不等、形态各异的几何体——或下沉为水景，或上浮为种植乡土林木的小丘，或成为区域小广场（庭院），或是地下室采光天井。并在其上点缀以乡土材料建造的现代景观构筑，以形态和乡土材料的组合解决高起的若干地下室采光天井的视觉问题，贯穿、延续地域景观。用栈桥、道路、水景与庭院等实际功能体块勾勒出“桑基鱼塘”的网状肌理，让人体验到的不仅是肌理间生动丰富的功能联系，还有亲切舒缓的基塘肌理带给人的仿佛当年人对土地的归属感。

水景在场地中被分作生态湿地以及地下室采光天井上的薄水之用，其重点不在于再现水景的不同形式，也不在于水景带来的若干亲水活动，而是在于对区域文化、生活及当地自然环境关系的尊重。生态湿地以及地下室采光天井上的薄水皆设计为雨水、污水收集处理系统的一部分。把屋面和露天雨水收集、处理、蓄积在景观水池之中，将产生的中水和污水全部回收，通过生态湿地进行生物降解处理，回用于绿化灌溉和补充景观水池水量，不使用饮用水作为景观用水。水景设计也解释了我们面对今天环境现状所做出的选择——如何延续和存在。

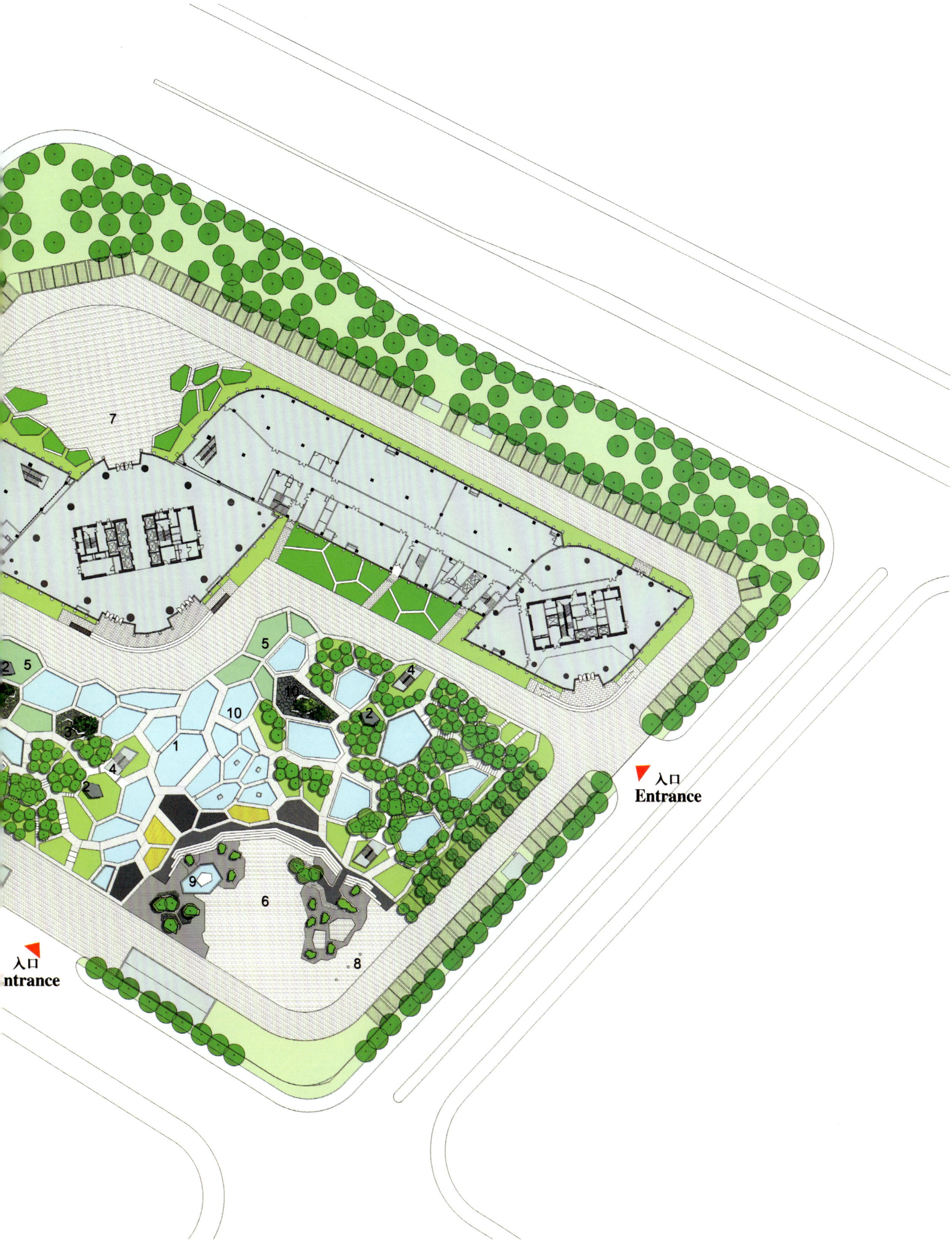

7
5
5
2
10
10
3
4
2
1
4
2
2
4
9
6
8
入口
Entrance
入口
ntrance

場地原狀

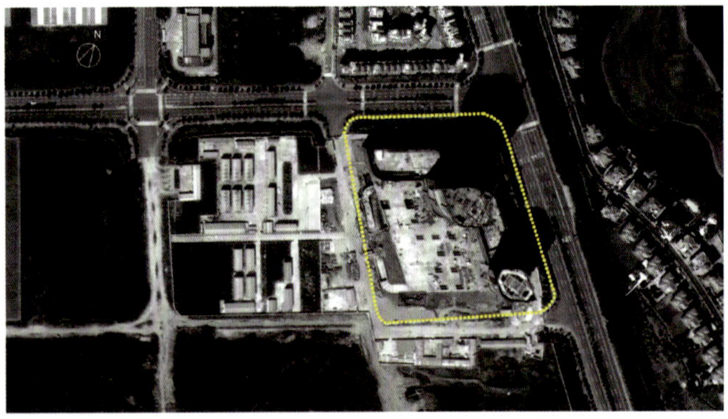

美的總部大樓位于佛山順德北窖鎮新城區，身處樓盤與廠房包圍之中。建築主樓 31 層，128 米高，是目前順德最高的建築，即將成為順德的標志性建築之一。

土

桑基魚塘

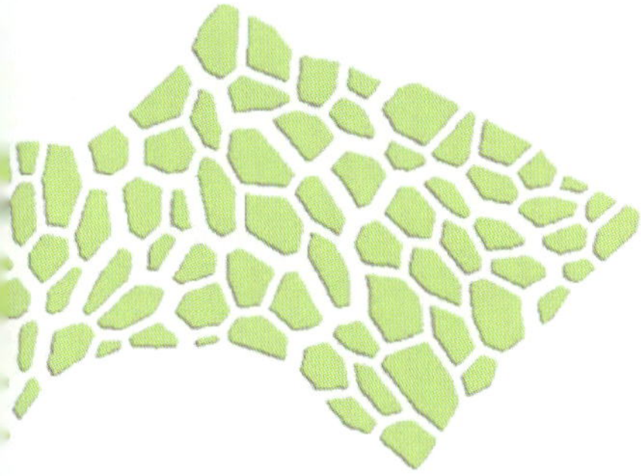

的延伸

場地肌理

上海吉盛伟邦绿地国际家具村二期

设计单位：澳派（澳大利亚）景观规划设计公司
项目地点：上海市
项目面积：17万平方米

项目规划用地的性质为商业金融，主要功能为大型家具业展览、小型商业展览和办公。其中商业定位为专业家具及家居用品展览和餐饮服务的商业；办公为甲级配置的写字楼，含配套会议设施。

设计目标在于为吉盛伟邦国际家居村二期打造一个地标性的、与业态紧密结合的、并能突出家具村主题的高品质的购物环境，让游客在家具村享受全面的体验式服务，让消费者真正得到轻松自由的购物环境。在保证景观统一性的前提下根据不同场合设有不同景观形态与色调，保证商业景观的丰富性与动感。

对大型商业醒目的景观设计来说成功的关键在于对业态和运营模式的定位理解以及配合是否准确，在景观设计中为建筑规划延伸新的场地，满足游人的购物心理与行走路线，配合业态打造高品质景观空间，一年四季中所呈现的景观都那么丰富多彩。

本项目的设计具有创新性及前瞻性，景观环境的设计紧扣展览、商业与办公等各大主题，营造出时尚的、色彩缤纷的、人性化、多层次的功能空间，满足不同功能的需要，同时满足好各项交通组织的要求。以人为本，设计亲切舒适的宜人空间，满足人们在购物之余休憩、餐饮等需要。舒适的购物空间能有效地吸引客流，聚集人气。设有内庭空间与外部景观空间，保证景观的丰富性。

从整体地块综合考虑设计，打造统一大气的景观。人，商品，景观与建筑元素融合使之成为一个主题型、休闲型的超大型家具直销中心。在景观材质的选用上也注重了景观的持久耐用性。

景观的设计灵感来自家具，通过巧妙的艺术设计把家具这一主题表达得淋漓尽致，打造一个真正能体现家具村特色的景观。其中，设计采用了家具中“框”与“抱枕”这两个元素。

框是景观中最突出的元素，环绕着整个基地，是一个很醒目的标志性景观，为游客带来喜庆、欢迎的感受，同时也为整个基地带来动感与景观的结构。

抱枕能有效地为整个基地带来统一性，与绿地结合，为游客带来绿地自然的感受，并提供一个休息的场所。这一刚一柔的景观是最完美的结合，为吉盛伟邦家具村打造一个具有品牌效益并具有本身特色的家具村景观。

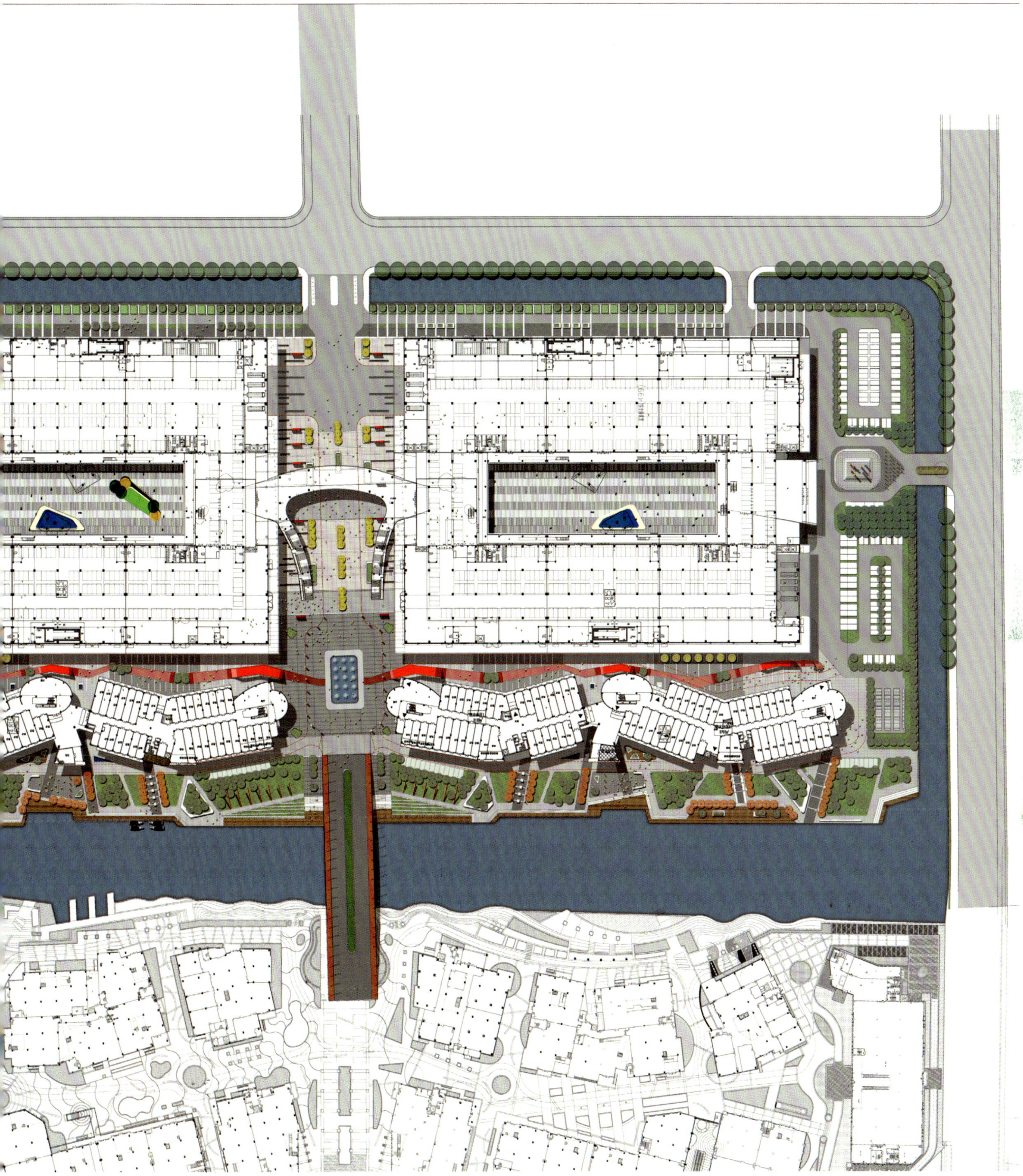

501
THE ORIGINAL
RE-BORN

ByeBye

武汉金银湖

设计公司：泛亚国际
项目地点：湖北省武汉市
项目面积：139万平方米

规划愿景：规划以“绿宝石”作为整体设计的理念，将“绿宝石”纯净、名贵、璀璨、永久的特征与金银湖景观的生态性、土地的价值、多元化的项目体验和可持续发展的原则相对应。

生态的景观：通过多种途径保护金银湖的自然生态环境和整体景观风貌，使其成为景观设计的天然背景。注重对基地现状的利用和保留，以生态和水为主题，讲述一个完整的关于土地和自然的故事。

土地价值的提升：通过土地的混合使用，以及24小时经营的理念，最大程度地发挥土地价值。先期高标准、高质量完成基础设施开发，满足周边居民及游客的基本需求，确保长期的活力。同时营建高品质的景观空间，改善投资环境，带动周边地区土地的增值。

多元化的发展策略和活动设置：将居住、商务、休闲三大功能融为一体。采用差异化的竞争策略，注重项目的多样性、互动性和体验性，一站式的服务延长了游客的停留时间，满足不同年龄、层次的消费需求。

可持续发展：不仅强调生态的可持续发展，更关注经济的可持续发展，通过合理的项目设置和产业布局实现金银湖未来价值的提升。同时引入绿色建筑的理念，节能减排，力图使金银湖成为两型社会示范区的典范。

同时深入分析基地周边用地性质、产业布局等因素，将金银湖定位为国际商务度假区。以高端商务、高档休闲、高尚居住为产业主导，承载商务办公、居住生活、康体休闲、娱乐度假等综合性城市功能，成为国际级、服务式、“孤岛型” 的城市片区。

阳光海岸

设计公司：ECOLAND易兰规划设计事务所
项目地点：山东省日照市
项目面积：68万平方米

项目位于山东省日照市碧海路以东，紧靠黄海西岸。项目共有4个广场，约占有2700米长海岸线，主要为阳光海岸海滨浴场提供相应的服务设施。

原场地内植被较丰富，由于常年海风影响，树木的生长速度极缓，尤为珍贵。为了保护现状植被，规划时将建筑散落在原有建筑基地和广场上，局部与植被相交时则建筑进行避让。景观木道等也以架空抬高的方式，使植被能保持自然生长。除原有黑松林外，又新补充了许多植被，使建筑整体都掩映在绿色海洋之中。

建筑犹如自然散落在海岸边树丛中的珍珠，取自海浪冲刷岸堤遗留下的水滴之意。建筑单体有5种尺度的模块，分别为6m、7m、9m、12m、13m，根据不同的功能需求进行组合，或八九成群，或二三成组，并随地形高低错落。

建筑具有轻盈的体态和施工快速的特点，有效降低了对场地的破坏。采用了钢结构，外立面为玻璃钢，带来珍珠般的圆润质感，具有几个优点：①.整体性好，可无缝施工，能很好地保护钢结构免受海风侵蚀；②.防腐性、防水性好；③.可工厂预制、现场拼装并手工抹平接缝完成；④.柔润如玉，表面光滑可直接使用，降低了内部装修成本。

4个广场的建筑开窗形状分别为圆形、水滴形、多边形、三角形，提高各广场的可识别性。依据不同季节风向，计算出各建筑模块的窗户大小和开窗位置，使风主要从东南面进入建筑内部，并从西北面排出，满足自然通风、采光充足的需求，也使建筑内部具有独特的光影效果，外立面则丰富活泼，在夜晚灯光照耀下，显示出璀璨的星光效果。

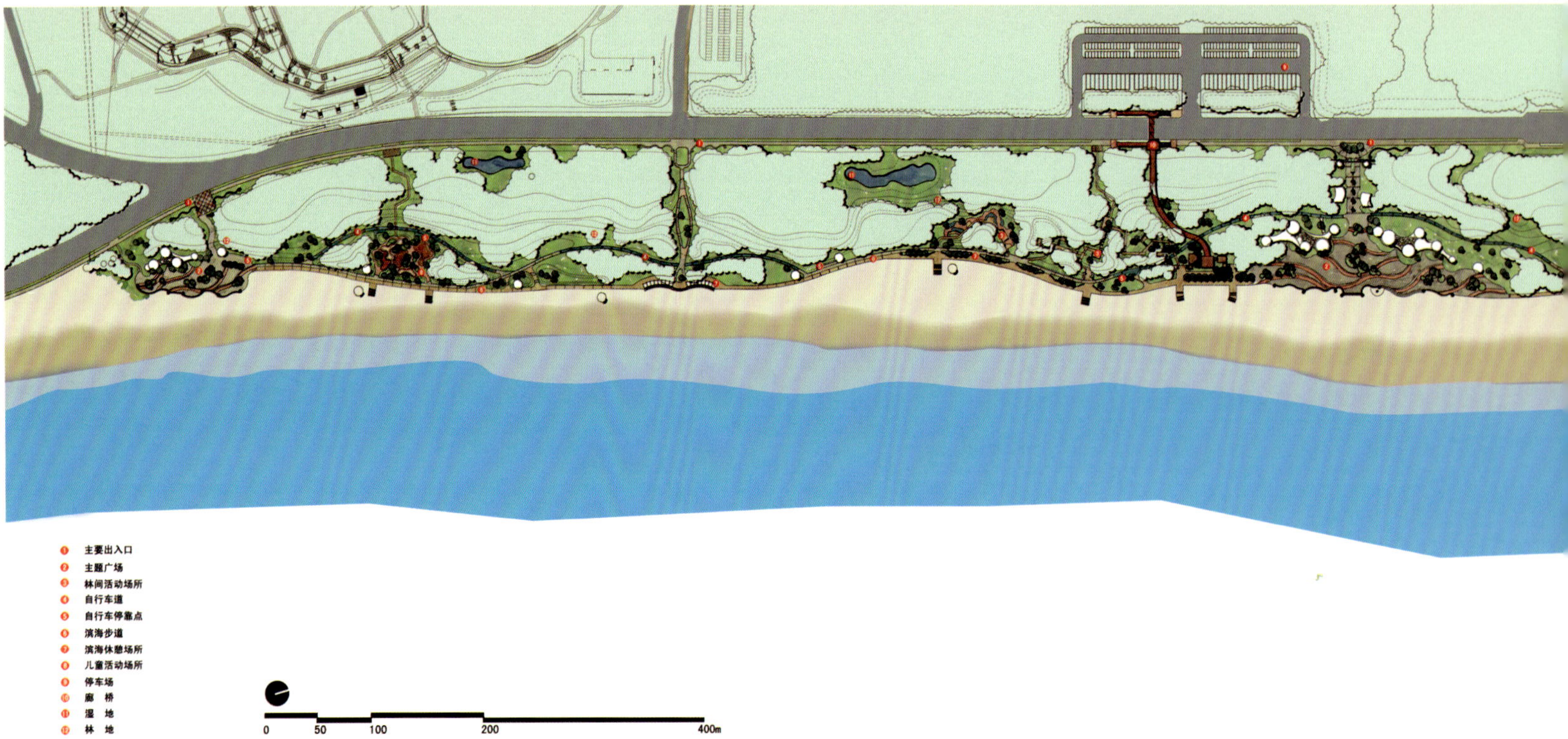

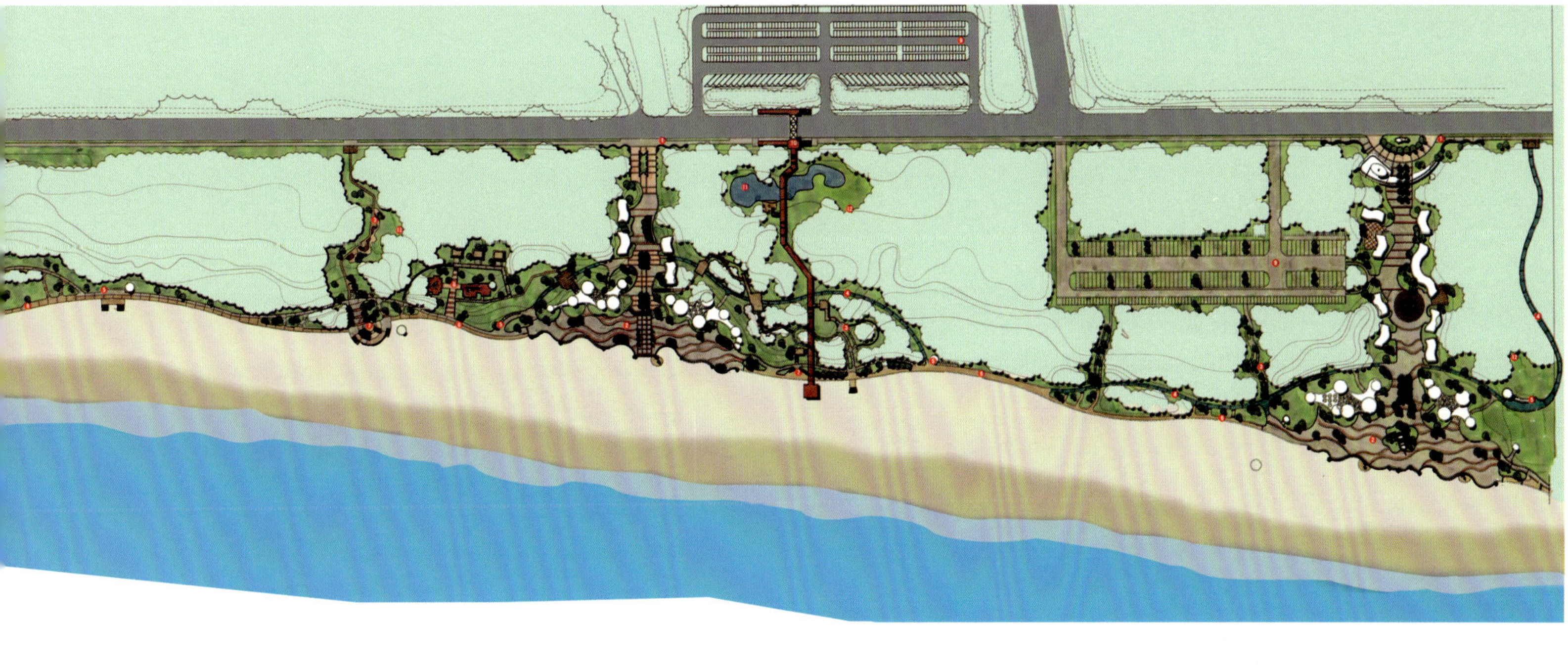

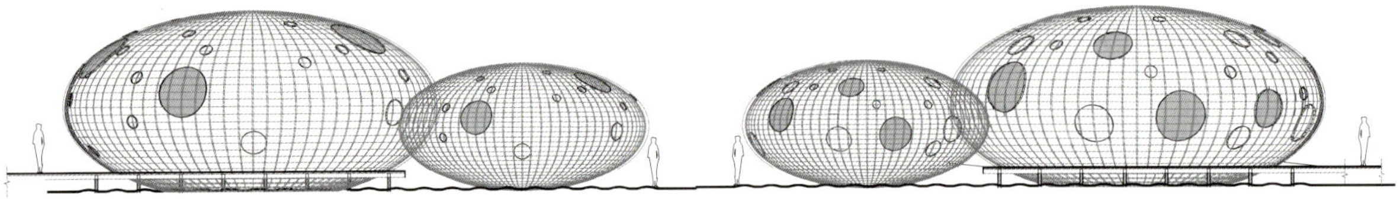

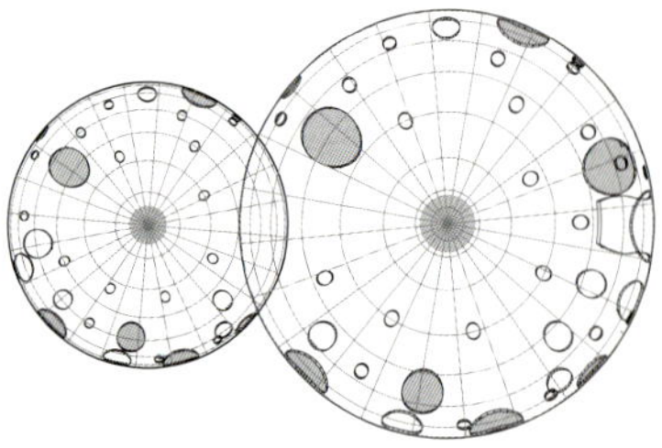

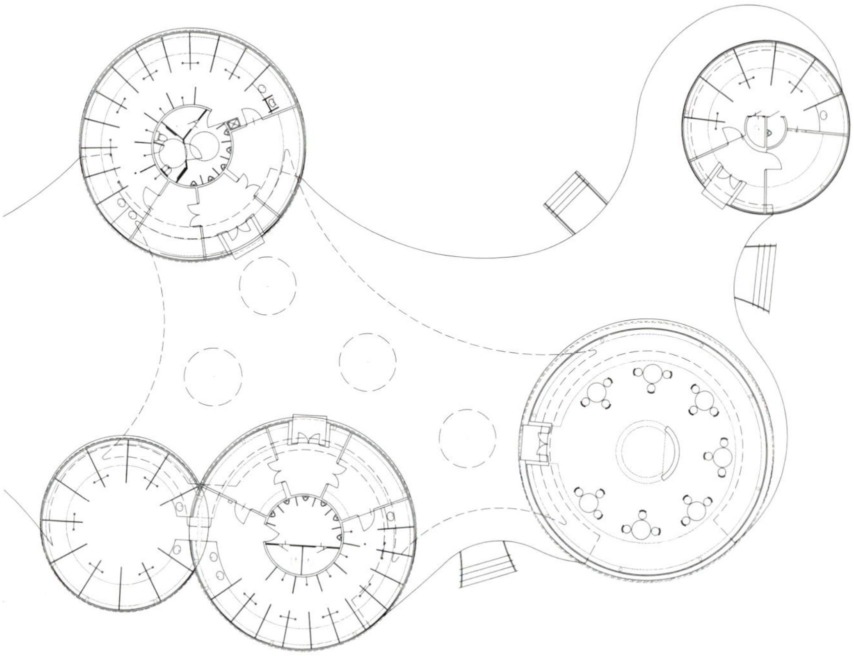

昆山前进西路街道景观

设计公司：艺普得（上海）城市设计咨询有限公司
项目地点：江苏省昆山市
项目面积：34万平方米

街道空间通常在整个城市脉络中约占1/3，是我们日常生活空间里的重要组成部分。城市街道空间不仅是我们娱乐、社交和购物的区域，也是观察这个世界变迁的窗口。我们从沿街绿化中感受着都市生活的节奏，在街头艺人或地面铺装上可以找到文化的气息。我们深信街道空间能反映出当地的文化发展和价值观念，而我们的设计就是创建这样一个有组织的空间系统以宣扬和发展这个理念。

在与开发建设单位充分沟通交流后，我们为前进西路打造了一个亲切舒适、具有丰富体验和安全性的步行街区环境，并融合了艺术、购物、休闲等社区配套设施构建了一个完整的社区活动空间，使其成为市民的安居乐业之所，游客的流连忘返之地，同时也是创业者开拓商机之路。

通过对该街道景观进行综合规划与设计，确立了4个主要目标：

1.城市级步行大道

通过规划设计创造了一条既符合城市尺度又适合步行体验的城市街道，不仅激活了各个功能区，也增强了节点间的人行流动。

2.创建鲜明的形象

通过利用当地特色元素塑造该街道的景观特色，也为昆山西部开发区创建了一个个性鲜明、备受关注的新区形象。

3.安全舒适的环境

恰当运用人行横道线与绿化隔离带的布置、交通组织管控等综合性措施，提高了道路交叉口的安全性，以鼓励居民可以更便利和安全地进入各个街区环境。

4.活力动感的街景

前进西路沿线设置了一些设计通透的商业配套及社区生活功能设施，以满足居民的需求，从而激活了整个街区生活。

0 1 5 10 20
North

0 1 5 10 20
North

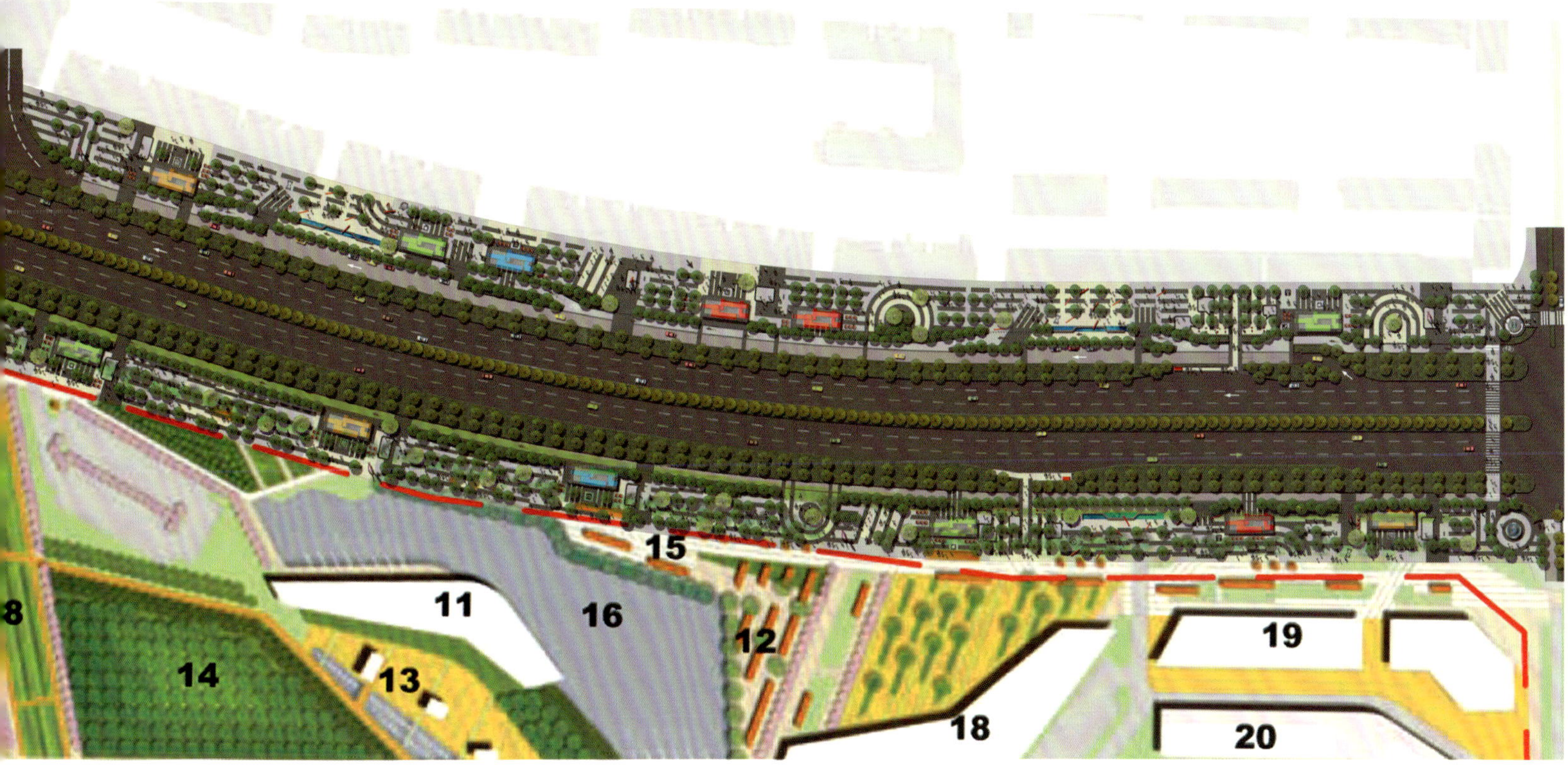
8
11
12
13
14
15
16
18
19
20

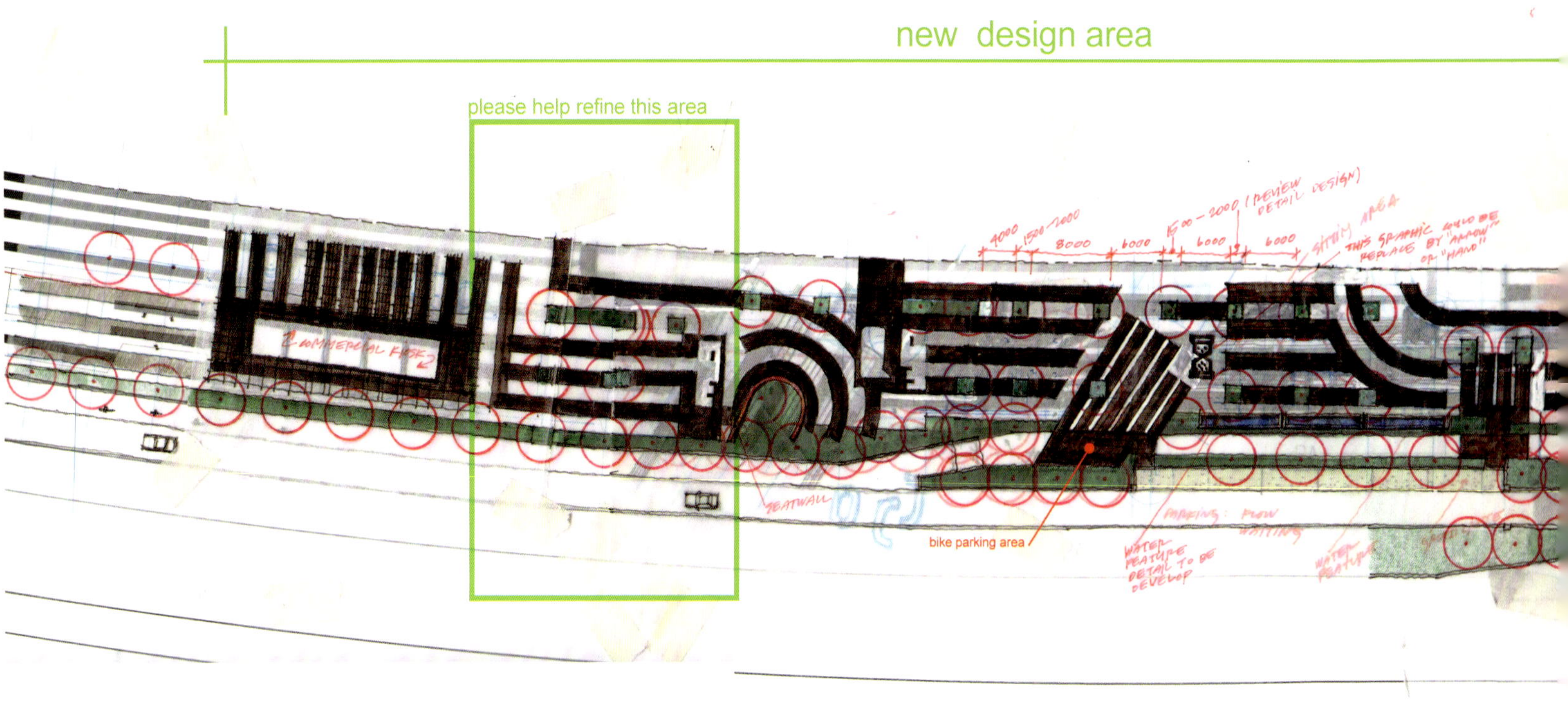
new design area
please help refine this area
bike parking area

非机动车道

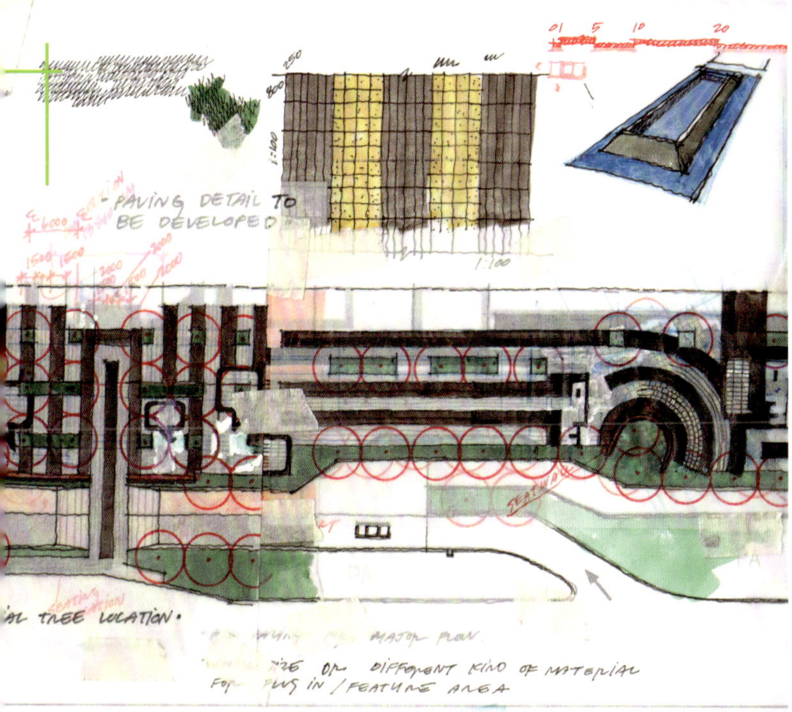

- PAVING DETAIL TO
BE DEVELOPED
1:100
TREE LOCATION.
MAJOR PLAN
SIZE OR DIFFERENT KIND OF MATERIAL
FOR PLUG IN / FEATURE AREA

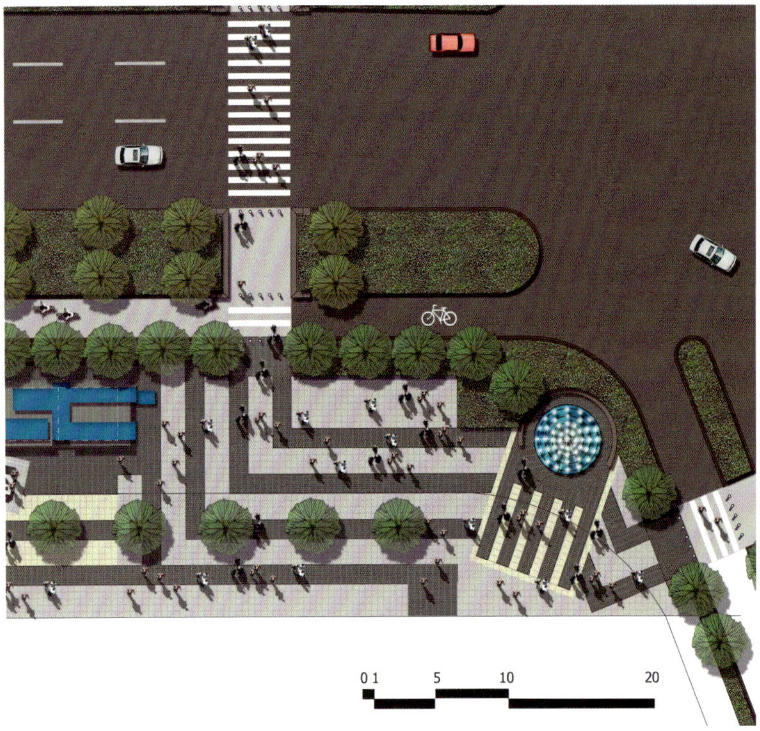
0 1
5
10
20

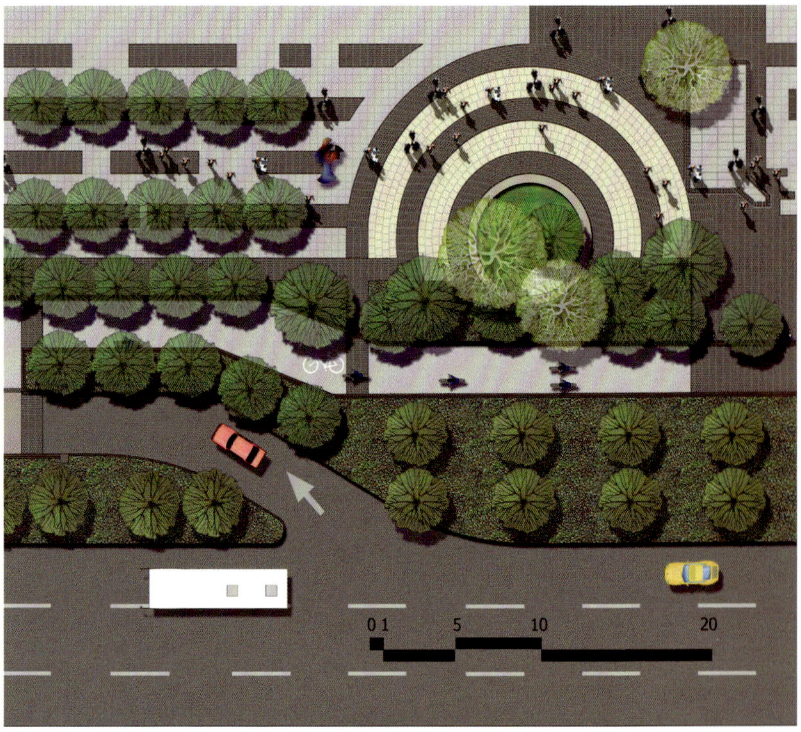
0 1
5
10
20

区域规划

184

Woodbridge土地规划及景观设计

山东金乡新城水系规划设计

鼎峰基金海岸1号

防城江两岸详细城市设计

204

中心区城市设计

昆明王家桥片区城市设计

宜兴科创新城控制性详细规划及中心区城市设计

悉尼Bondi至Bronte滨海走廊延伸段景观

海南龙湖国际休闲养生度假中心

224

旅游胜地

镇江南山风景名胜区北入口规划设计

高科技园区

242

上海普陀科技园规划设计

黄山黎阳老街

248

旧城区改造

Woodbridge土地规划及景观设计

设计公司：雷安国际景观设计（北京）有限公司
项目地点：美国加州曼特卡
项目面积：145.7万平方米

在这个占地约145.7万平方米的社区项目中，HLA集团对该地区进行了总体规划及节点景观设计，同时作为Woodbridge区域高级顾问，对区内居住区及景观进行规划设计，协助甲方完成工程报批、监管及施工第一阶段的勘察工作，保证总体建设计划的顺利进行。Woodbridge的室外公共空间设计包括对网球场、小型高尔夫球场和人工垂钓区域设计，其中建立人工湖的目的在为开放空间提供灌溉的同时改善了现有水质。该社区总体规划要成为连接曼特卡周边小城镇的枢纽。

Woodbridge by Del Webb社区

依照HLA前期对土地的总体规划，该社区位于Ranch联盟规划内，占地215万平方米，是集文娱休闲活动为一体的大型成人社区。社区拥有超过1400户单身家庭和6.8万平方米的开放性公园绿地，并在社区中央地区设立5.4万平方米的休闲中心。该休闲中心是一所包含游泳、垒球、高尔夫、网球、意式地滚球和垂钓等活动的运动会所。HLA在此项目中负责居住区环境设计及土地规划，并与其他工程顾问协同合作，完成了居住区入口水景、人工湖、街道景观、公园及各类活动设施的工程建设。

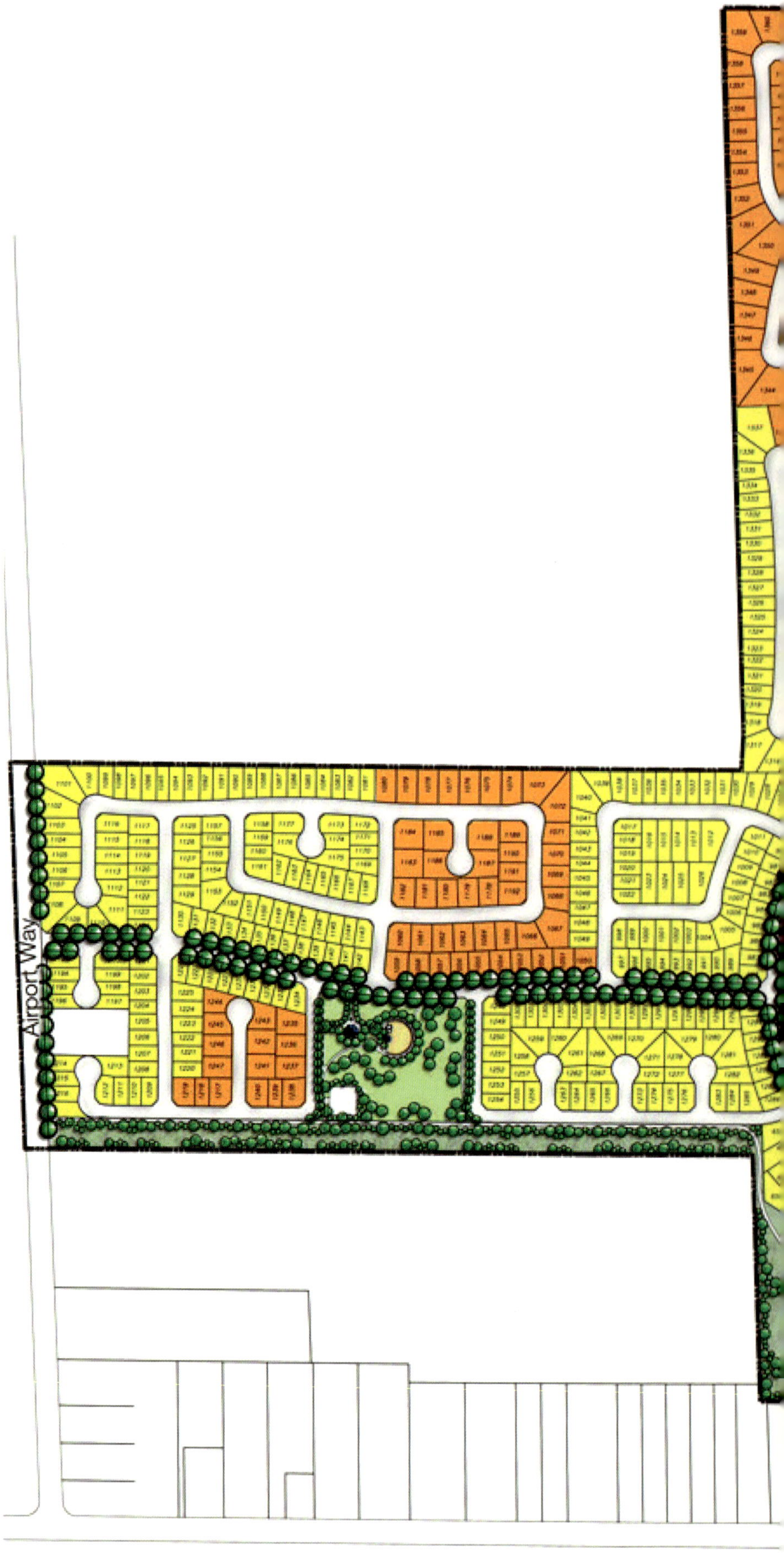

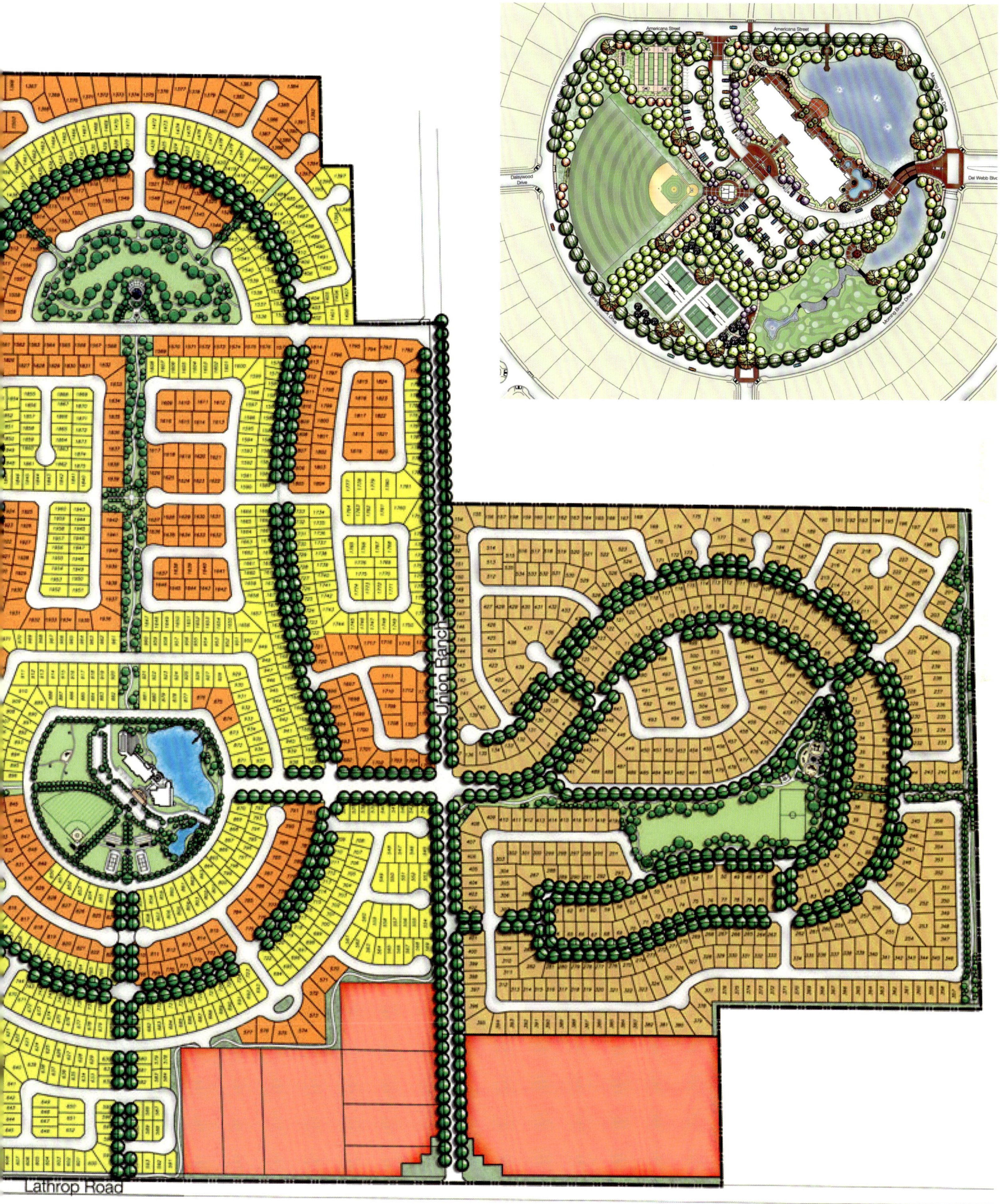
Americana Street
Americana Street
Daisywood Drive
Del Webb Blvd
Union Ranch
Lathrop Road

Woodbridge
Del Webb

HUFF

山东金乡新城水系规划设计

设计公司：雷安国际景观设计（北京）有限公司
项目地点：山东省金乡县
项目面积：120万平方米

本项目的水系景观规划运用现代设计手法营造出不同主题而又互相联系的各个水系，同时创造流动的公共空间。水系规划融入了城市的历史文化和自然景观，提供给市民了解城市文化和放松休闲的空间。

水系规划运用了可持续规划理念，HLA设计团队在可持续设计领域位于国际领先的位置，丰富的设计经验保证水系规划的生态可持续性和高标准的景观空间。

1. Emphithertor in the Lawn
草坪剧场

2. Wetland /Sunken Garden
湿地/沉水花园

3. Eco-museum
自然生态博物馆

4. Tree Island
水中树岛

5. Pedestian Bridge
步行桥

6. Tea House
临水茶室

7. Tower
观光塔

8. Fish Island
锦鲤之岛

9. Water Selebration Plaza
水之庆典滨水广场

10. Water City Gallery
水乡都市画廊

11. Integrity Gallery
诚信文化画廊

12. Longlife Gallery
长寿文化画廊

13. Confucian Culture Gallery
儒学文化画廊

14. Agriculture Gallery
农业文明画廊

15. Splendid Culture Gallery
灿烂文化画廊

16. City Spirit Gallery
城市灵魂展厅

17. Local Theatre Gallery
曲艺生活画廊

18. Green Lungs Gallery
生态绿肺画廊

19. Hotel Lake
星级酒店湖区

20. School River
学校景观河道

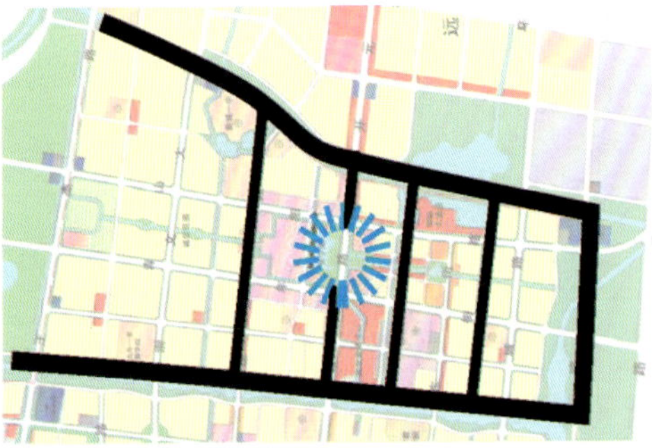

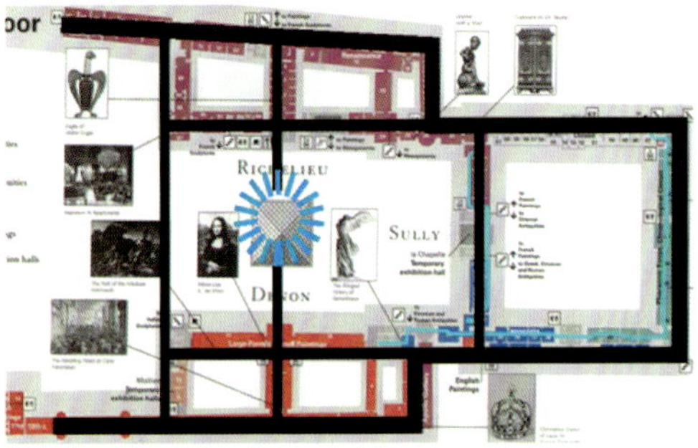

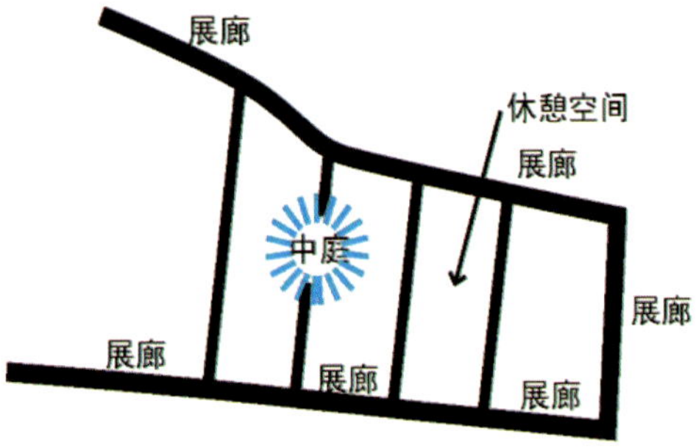

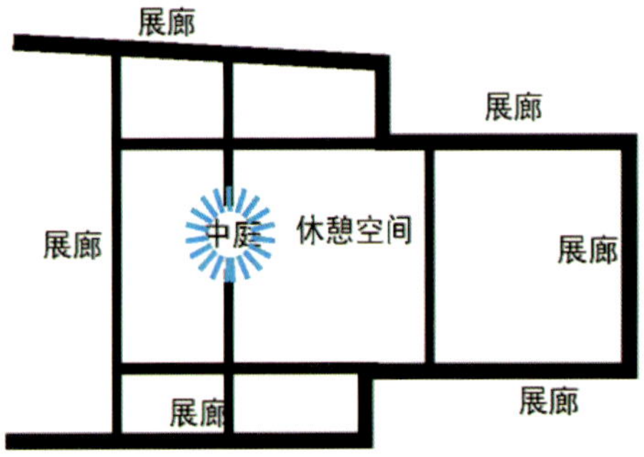

画廊形态

从规划水系的形态激发了来自法国卢浮宫博物馆的空间布局灵感，其建筑空间布局与新城水系布局极为相似。

卢浮宫前广场是整个博物馆的灵魂，位于庭院中心，被不同展示主题的室内展廊围绕。而本项目的政府广场同样位于新城中心，同时也是新城的灵魂所在。

因此，水系规划以“水乡画廊”为理念，以政府广场为核心，不同的水系赋予不同的设计主题，共同展示美丽的城市风情画卷，

MUSEUM FORM

After studying the water system we were inspiration by the form of The Louvre Museum in Paris, France as the museum gallery layout has a strikingly similar design to the layout of the city's waterways.

The Louvre's plaza is located at the center of the courtyard and is the heart of the museum. It is surrounded by corridors filled with different themed art galleries. Similarly, our project site has it's heart at the government center which is also the heart of the new city.

Together, these ideas gave us the inspiration to create themed "Galleries" within the water system which have the government center as the heart of the project.

每个“画廊”都有不同的展示主题，以历史背景、风格等因素进行分类。并且画廊的主题也充分考虑了水系功能的需求。

Art Galleries have themed exhibits. They are grouped by time period, style, media and other factors. We have themed our "galleries" according to the functions they relate to.

态画廊

规划自然生态环境，密林、草地、湿地等，注重生物多样性。
规划少量散步道和景观设施。营造自然水体和郊野绿色环境。

活画廊

以滨水自然景观为主，注重植物的景观搭配，适当安排休闲游憩场地和设施。

术画廊

在滨水景观设计中以雕塑小品体现当地民俗艺术特色，形成文化氛围浓厚的城市室外艺术休闲画廊。

化画廊

着重体现当地历史文化，形成与水面结合紧密的若干主题文化休闲空间。形成城市特色中轴线。

神展厅

政府广场着重体现当地城市精神，以“诚信之源”为主题，塑造具有当地精神内涵的城市大客厅。

代画廊

商业中心结合水景设计现代活力的滨水商业广场空间，结合室外休闲活动场所设计，形成体现现代城市生活的廊道。

自然环境

城市化人工环境

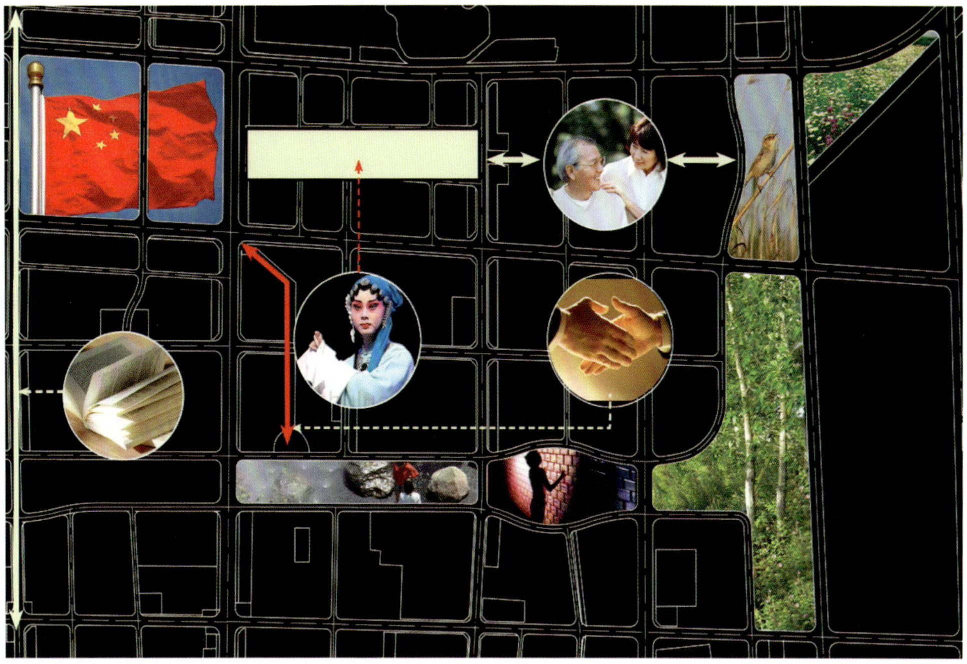

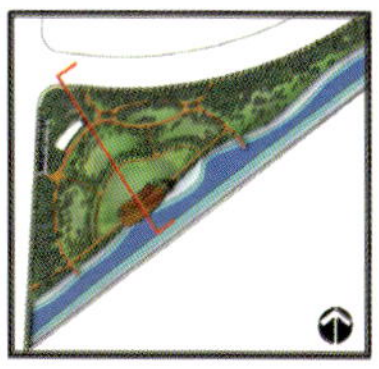

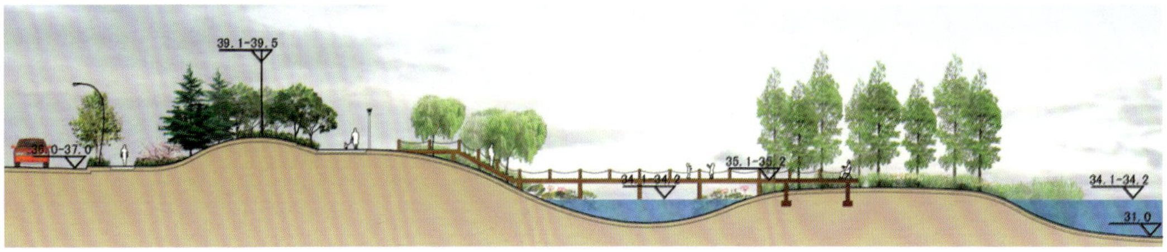

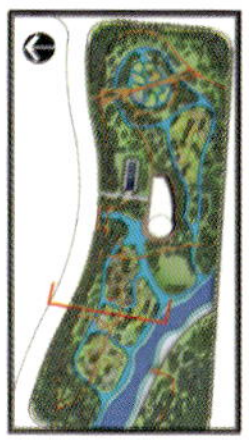

鼎峰基金海岸1号

设计公司：英国宝佳丰（BJF）规划景观设计公司
项目地点：山东省威海市
项目面积：40万平方米

项目位于绿岛湖的周边，场地特有的优越性赋予了整个项目的定位为一个高端的综合项目。在设计中大量地引入了水的元素，每个建筑都被水环绕，犹如置身于浪漫的威尼斯水城，在整个地块的设计中包括商场、码头村、渔人码头、露天剧场、餐厅、零售商店、城市广场、步行街和孤岛上的高端特色的咖啡吧等功能设施，这些建筑及景观元素的综合也是建筑体现和代表了荣成滨海旅游度假生态城市的特色，展示出拥有幸福海岸、宜居典范的称号的魅力之城。我们的目标是实现一个高品质的景观发展计划。

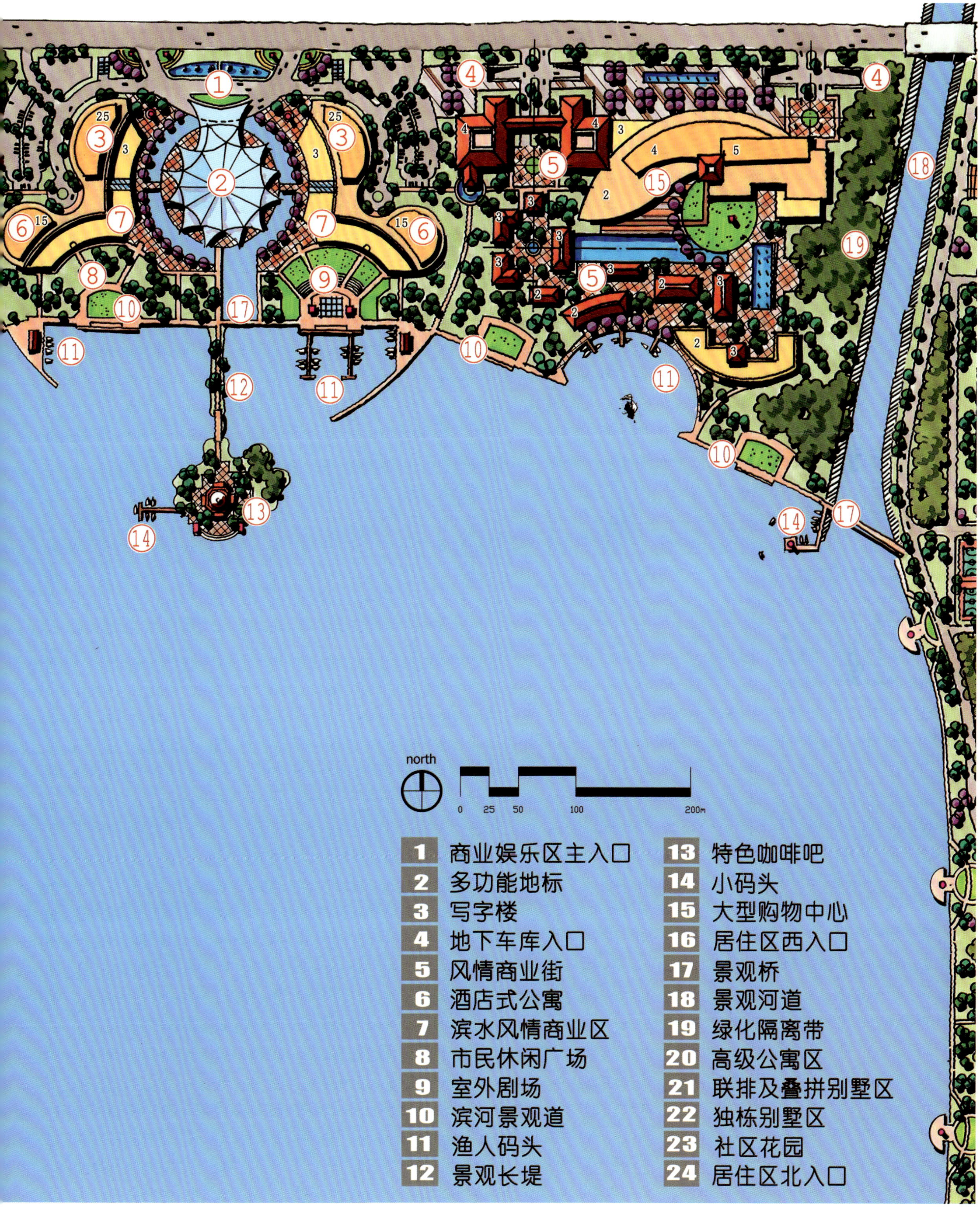
north
0 25 50 100 200m
1 商业娱乐区主入口
2 多功能地标
3 写字楼
4 地下车库入口
5 风情商业街
6 酒店式公寓
7 滨水风情商业区
8 市民休闲广场
9 室外剧场
10 滨河景观道
11 渔人码头
12 景观长堤
13 特色咖啡吧
14 小码头
15 大型购物中心
16 居住区西入口
17 景观桥
18 景观河道
19 绿化隔离带
20 高级公寓区
21 联排及叠拼别墅区
22 独栋别墅区
23 社区花园
24 居住区北入口

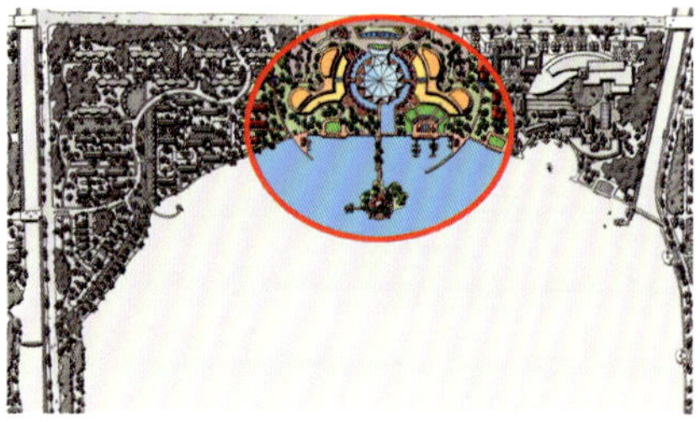

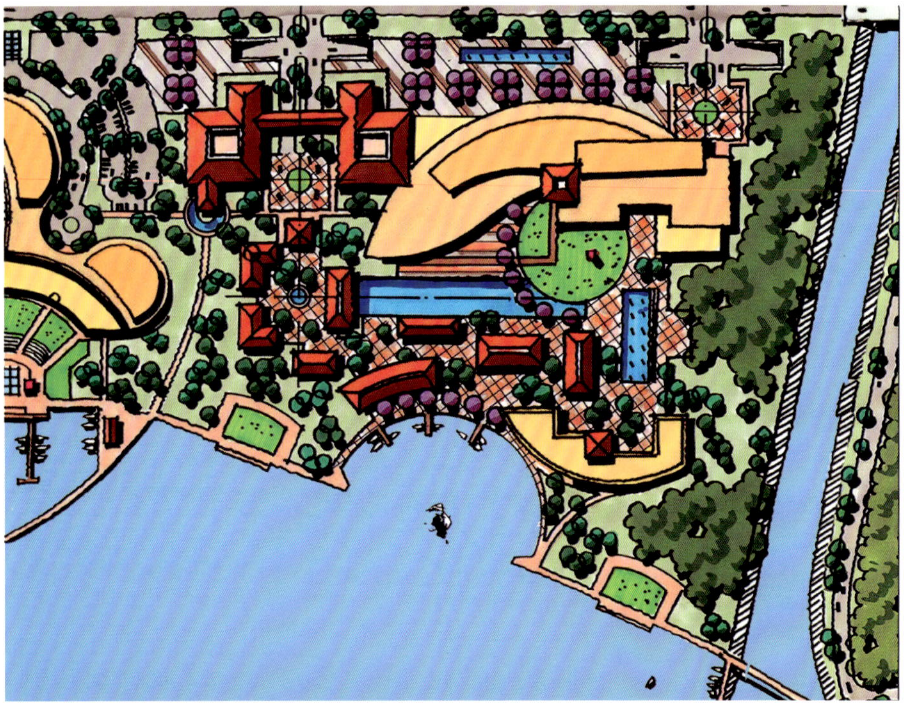

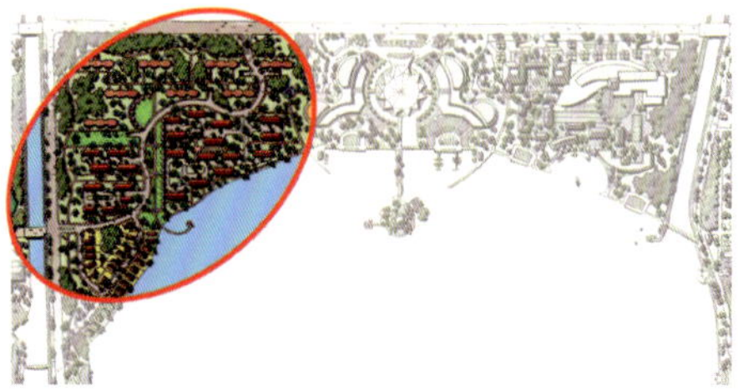

防城江两岸详细城市设计

设计公司：美国FA设计集团
项目地点：广西壮族自治区防城港市
项目面积：19平方公里

项目位于防城港市中心区西北部防城江两岸，是集游憩休闲、商业居住为一体的综合型滨江区域。规划用地面积18.85平方公里。规划中特色区域体现在“一心、一湾、一江、一区。”

一心：文娱商务区中心——作为防城江旅游城市的集中体现区，塑造港口绿色商务区的现代形象；

一湾：西湾——防城港的生态核心，应协调好生态和城市的关系，建立山水城和谐发展的态势；

一江：防城江——防城港的母亲河，应重视沿河风貌和空间布置，使之成为人文活动最为活跃的区域；

一区：传统街区——战略中提出在保护滨水旧城整体风貌的前提下进行整治更新与修缮；

根据防城港的优势和特色，我们提出完整、清晰的“一江两岸”战略规划框架，改变其传统 “工业港口”的单一形象，使之成为北部湾经济区、东盟自由贸易区内可持续发展的典范城市。

本项目的创意构思是根据“水是城之灵，绿是城之魂，文是城之品，人是城之本”的设计要求，提出营造宜居、宜游的人居环境、舒适便捷的城市商业购物和游憩休息环境以及特色鲜明的城市形象的规划目标。

N

社区商业
滨水商业
低密度住宅区
体育场
过江隧道
步行桥
公园
景观步行桥
灯塔
红树林保护区
商务建筑
游船码头
底层商业
滨水广场
摩天轮
游乐场
商务建筑
高端商务写字楼
停车场
高端商务公寓社区
步行桥
水上商业街
影剧院
大型购物中兴
底层商业
停车场
可开合桥
度假酒店
游艇码头
红树林保护区

公园体系规划图

伯南城市公园
介排岛城市公园
城市级2500米服务半径
片区级1000米服务半径
组团级500米服务半径

城市剖面图

城市剖面图 A

城市剖面图 B

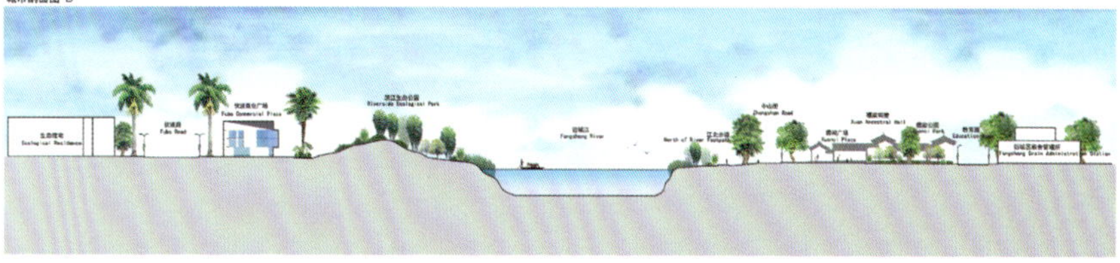

城市剖面图C-1

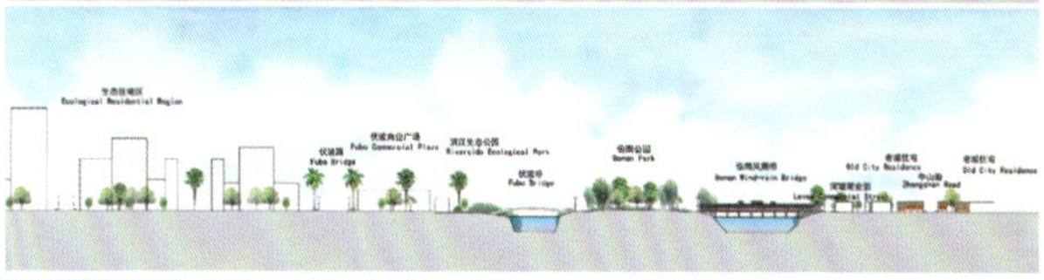

城市剖面图C-2

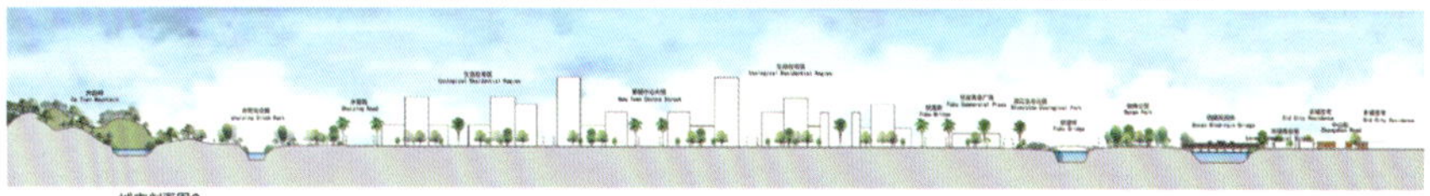

城市剖面图C

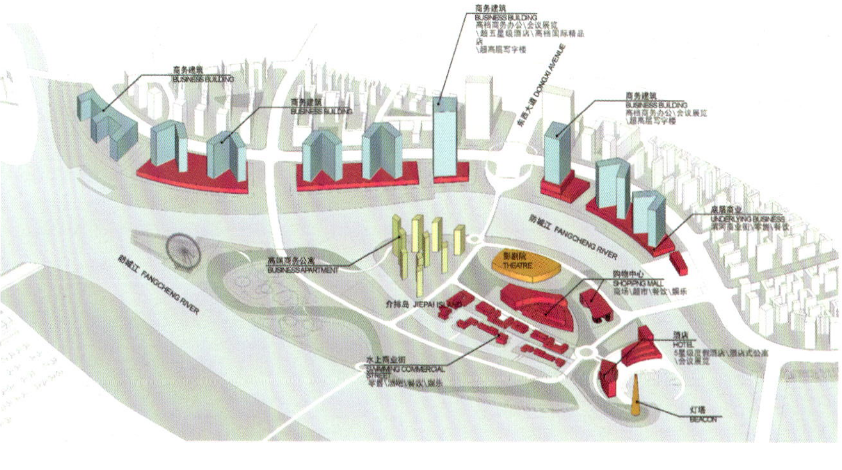

· 景观廊道分析

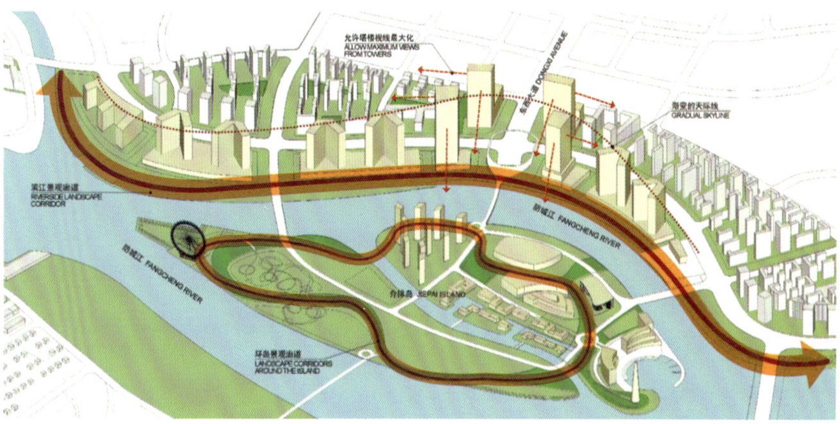

昆明王家桥片区城市设计

设计公司：美国FA设计集团
项目地点：云南省昆明市
项目面积：11.41平方公里

项目位于昆明市普吉街道办事处，毗邻高新技术产业区及金鼎科技园，三面环山，有良好的生态基础与产业基础，是未来发展的重点区域，承接城市产业、现代服务业。

项目的创意构思是在紧凑复合框架的基础上，整合城市空间，构建“三轴，两环，三片区”的空间格局，形成功能明确又互相联系的有机整体：

三轴：构建由中央公园向外围山体三个方向延伸的景观生态廊道。为王家桥片区的环境改造与建设打下了成功的基础。

两环：是指新规划的环城绿化。这两个绿化带依托于环形交通性干道，贯穿了整个新城的各个组团，为周边的白领、工人与居民提供了聚会休闲的场所。三片区：产业区——形成循环经济产业集聚区。综合服务区——产业与居住共享现代综合服务业，形成地区的核心。居住区——片区西侧与南侧的生态宜居住区，建设以生态居住为主体、以文化医疗、高校教育等为支持的复合型人文社区。

N
0 100m 200m 500m

公园
防护绿地
主题公园
水系
城市绿轴
城市公园
社区公园

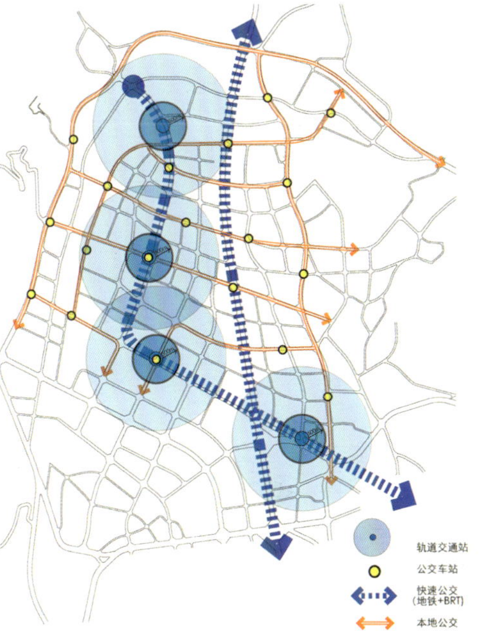
轨道交通站
公交车站
快速公交
(地铁+BRT)
本地公交

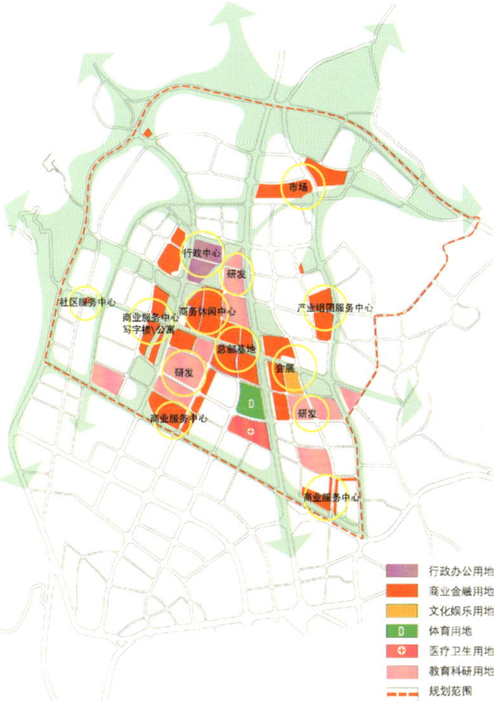
市场
行政中心
研发
社区服务中心
商业服务中心
写字楼\公寓
商务休闲中心
产业组团服务中心
总部基地
研发
会展
研发
商业服务中心
商业服务中心
行政办公用地
商业金融用地
文化娱乐用地
体育用地
医疗卫生用地
教育科研用地
规划范围

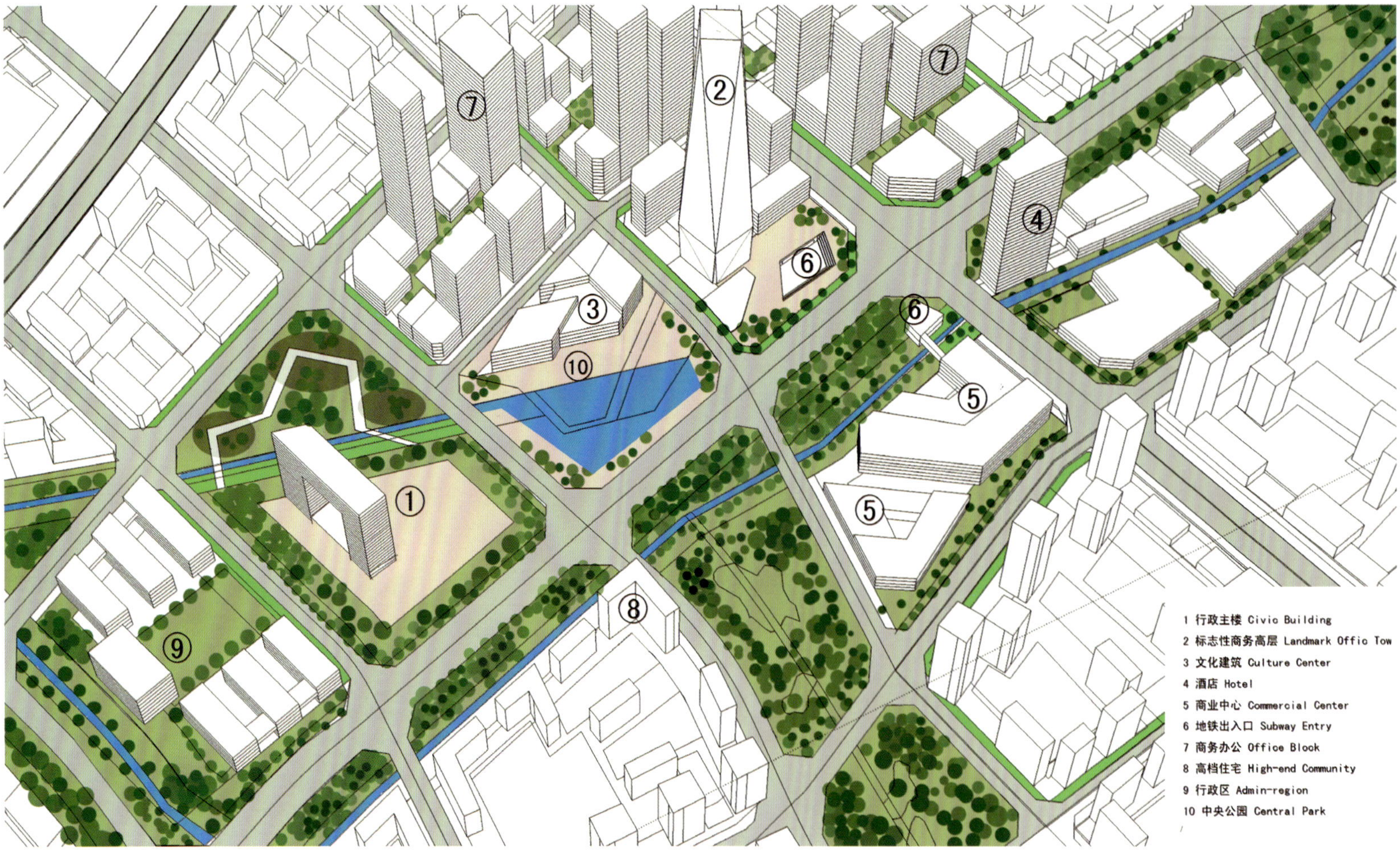
1 行政主楼 Civic Building
2 标志性商务高层 Landmark Offic Tow
3 文化建筑 Culture Center
4 酒店 Hotel
5 商业中心 Commercial Center
6 地铁出入口 Subway Entry
7 商务办公 Office Block
8 高档住宅 High-end Community
9 行政区 Admin-region
10 中央公园 Central Park

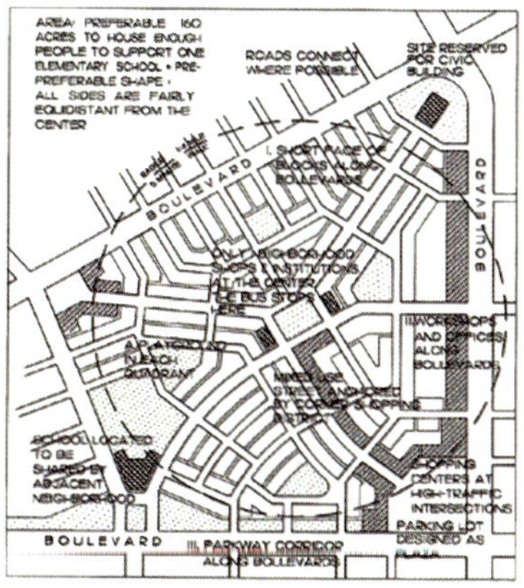

Compact and Vital Center
紧缩型充满生机的中心

Togetherness: Meeting in the Center
居民的归属感:
在住区中心聚会交往

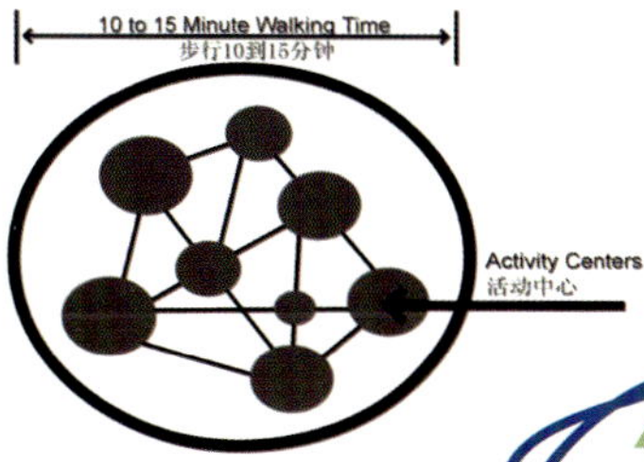

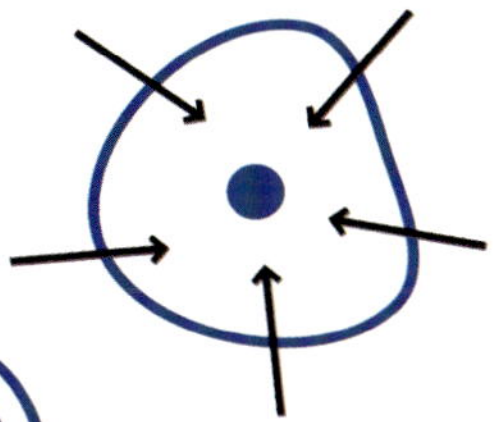

Pedestrian Open Space Moves Outward from the Neighborhood Center
步行开放空间从住区中心向外扩展

宜兴科创新城控制性详细规划及中心区城市设计

设计公司：荷兰尼塔（NITA）设计集团
项目地点：江苏省宜兴市
项目面积：1000万平方米

宜兴市位于长三角地区的几何中心，距离南京、杭州直线距离100千米，距离上海150千米。由于受到太湖的阻隔和长三角区域路网布局的制约，宜兴并未接受来自上海的直接辐射，相比较而言，受宁杭都市圈、苏锡常都市圈的影响较为显著。在战略发展框架构建的基础上，我们提出了与东部新城展开错位竞争的发展思路，与城市东进的方向衔接，通过从发展战略到空间概念的演绎，同时对国内外相关案例的分析研究来全面展示我们的解决方案。

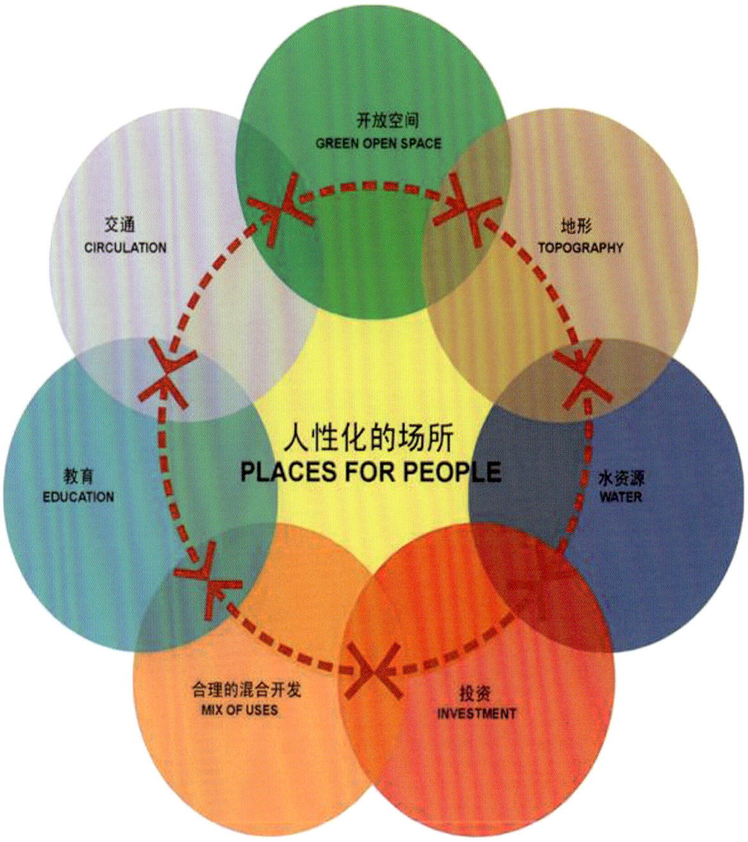
开放空间
GREEN OPEN SPACE
地形
TOPOGRAPHY
水资源
WATER
投资
INVESTMENT
合理的混合开发
MIX OF USES
教育
EDUCATION
交通
CIRCULATION
人性化的场所
PLACES FOR PEOPLE

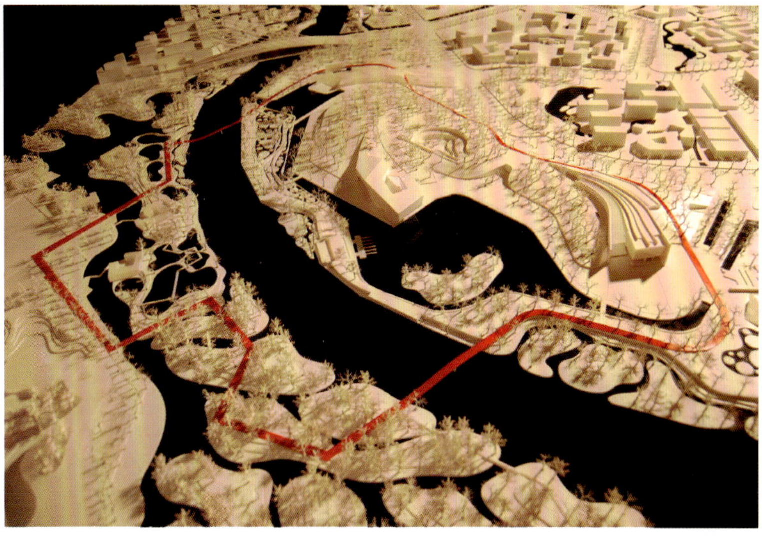

悉尼Bondi至Bronte
滨海走廊延伸段景观设计

设计公司：澳派（澳大利亚）景观规划设计工作室
项目地点：澳大利亚新南威尔士州悉尼市
项目面积：515米

站在澳大利亚悉尼东边悬崖顶的大道上，悉尼壮丽的海岬景观，砂岩矿脉和美轮美奂的风景得以尽收眼底。

澳派的设计在保留周边文化遗产的同时，为悬崖峭壁处的观景创造了独特的体验。515米长的滨海漫步道是闻名全澳大利亚的九千米滨海景观漫步大道的一部分。项目解决了复杂的地质工程、结构问题，同时关注对历史遗迹的保护。大道的材质也由木平台变成玻璃纤维土工格栅，保证走廊下方的植物能吸收阳光和雨水，保护植被。滨海走廊设有5处观景台，设有定制的座椅小品，充分考虑到游客的驻足休憩，享受砂岩山丘独特震撼的海景。 项目使用了简单的设计语言，整个滨海走廊设在悬崖上方，在保证安全的前提下让行者充分享受一路的风光。整个滨海走廊的设计采取统一的语言，选择简洁耐用的材料。沿着行走的路线蜿蜒曲折，逐步向人们展示出悬崖顶的景观—包括沼泽地、岩石矿脉和丰富的生态景观。观景台的设置与“L”形或折线型的步道相结合，在局部的区域步道从地面上升7米而设，进一步增强了在悬崖边上观赏的效果与体验。严格的设计规划中仔细考虑了生态走廊（尽量不去干扰现有的植被）、岩土（矿脉、山坡、堤防）和公共安全。在材质的选择上，选用了坚固，持久性强的材料，以减少后期的维护成本。观景平台选用多种材料以期达到美观、环保和持久功能。在多处的残存植被处，使用玻璃纤维格栅，保证观景台下方的植物可以自然吸收阳光与雨水，同时也减轻了施工的难度，保证使用持久性。鉴于海岸边的自然气候环境特殊，玻璃纤维是最佳的材质，能经受腐蚀，达到质量的要求和美观效果。不锈钢的扶手经过电抛光，杜绝油斑、腐蚀。

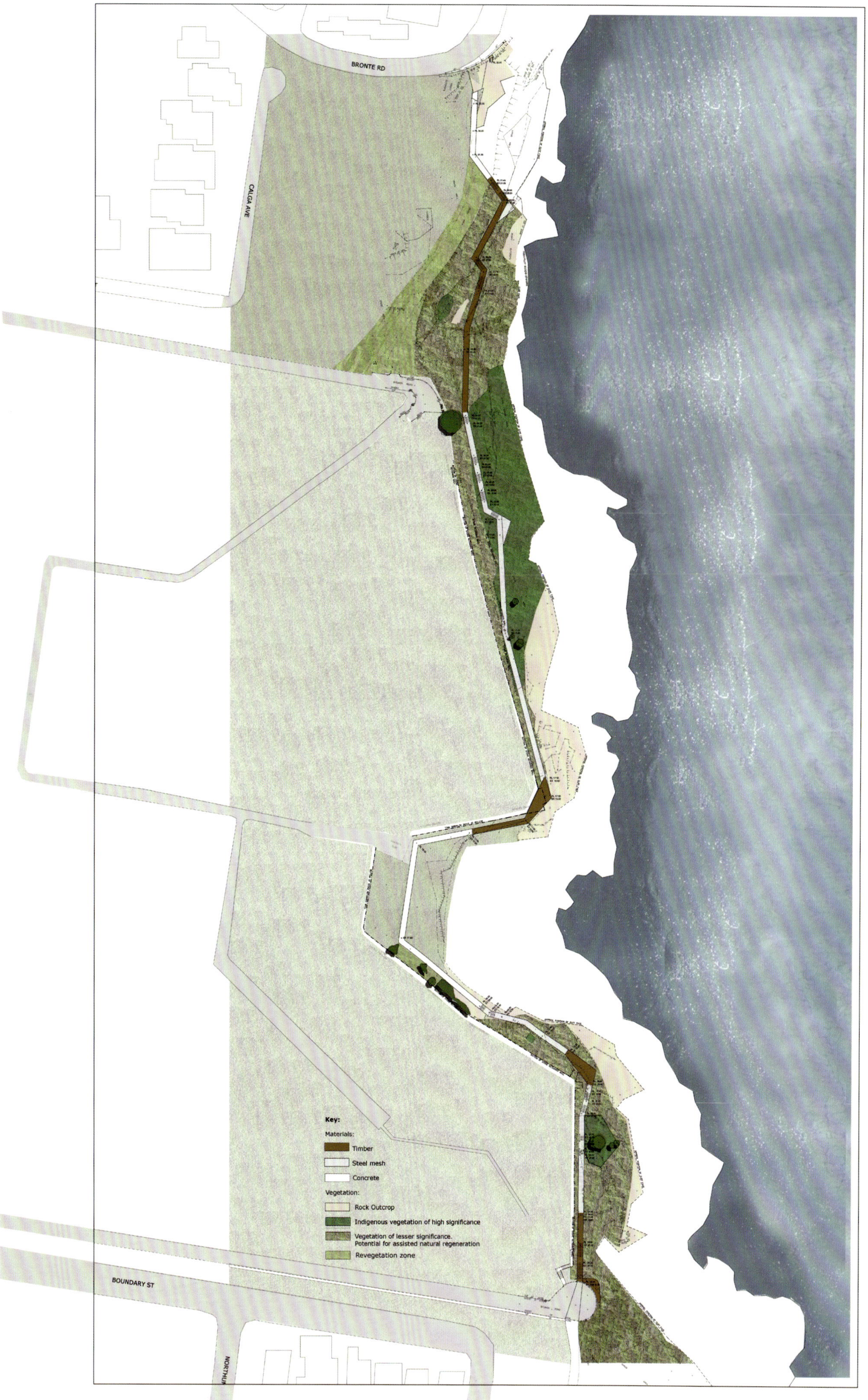
BRONTE RD
CALGA AVE
BOUNDARY ST
NORTHUM
Key:
Materials:
Timber
Steel mesh
Concrete
Vegetation:
Rock Outcrop
Indigenous vegetation of high significance
Vegetation of lesser significance.
Potential for assisted natural regeneration
Revegetation zone

海南龙湖国际休闲养生度假中心

设计公司：美国FA设计集团
项目地点：海南省定安县
项目面积：333万平方米

项目定位于建设一个集休闲度假、生态养生、山水地产、老龄产业、国际交流于一体的具有国际水准的现代化休闲养生社区。项目将引入国外先进的度假养生理念和优质的医疗配套设施，并结合我国悠久的本土养生思想，吸引更多的国内外业主和游客到龙湖居住疗养、休闲度假，从而打造海南新的山水休闲养生地产名片。

我们提出的龙湖国际休闲养生度假中心正是利用了龙湖得天独厚的森林、空气和水质等自然条件以及书院、宗教等人文资源，发展休闲度假与教育养生相结合、旅游地产与文化事业相促进的产业，填补定安县在这方面的空白，具有非常大的发展空间。运营理念是以创造“健康的生命体验”为使命，健康的生命体验包括平衡的生活、健康的身体、平和愉悦的心灵、温暖真挚的感情、发现探索的欲望。

镇江南山风景名胜区北入口规划设计

设计公司：WHITEBOX建筑与景观设计事务所
项目地点：江苏省镇江市
项目面积：70.25万平方米

整个公园按照功能和地理位置，被划分为五个不同的区域。第一区为活力中心区，以原有的采石场为中心，渐渐从人工过度到自然的环境，为全园活力的中心，设置了各种如滑板，沙滩排球，攀岩等运动。第二区为工业改造区，保留了原有的工厂，并将原有的吊车等大型设备，作为园内独特的景观雕塑。第三区为村庄保留区，展现当地人民的生活。第四区为历史文化区，主要包括高崇寺等历史文化建筑。最外面的区域为完全的自然式景观，展现桃花潭，珍珠湖的自然之美。

规划设计后的南山北入口，将与南山风景区环境及镇江城市人文环境相融合，它将成为功能集中、配套完善，景观特色的优秀城市公园代表，在发挥着休闲服务功能的同时，为城市居民及外地游客提供最佳的休闲活动及娱乐消费场所，与镇江城市“绿肺“——南山风景区的其它风景点一起，形成“链条纽带”的形态结构， 共同打造清新秀丽、灵动活力的江南名城。

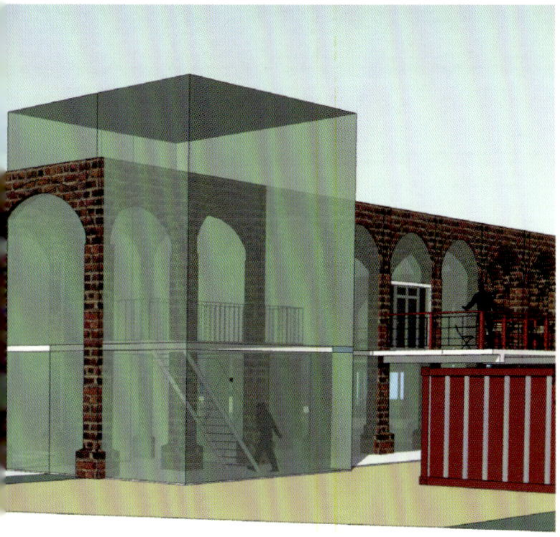

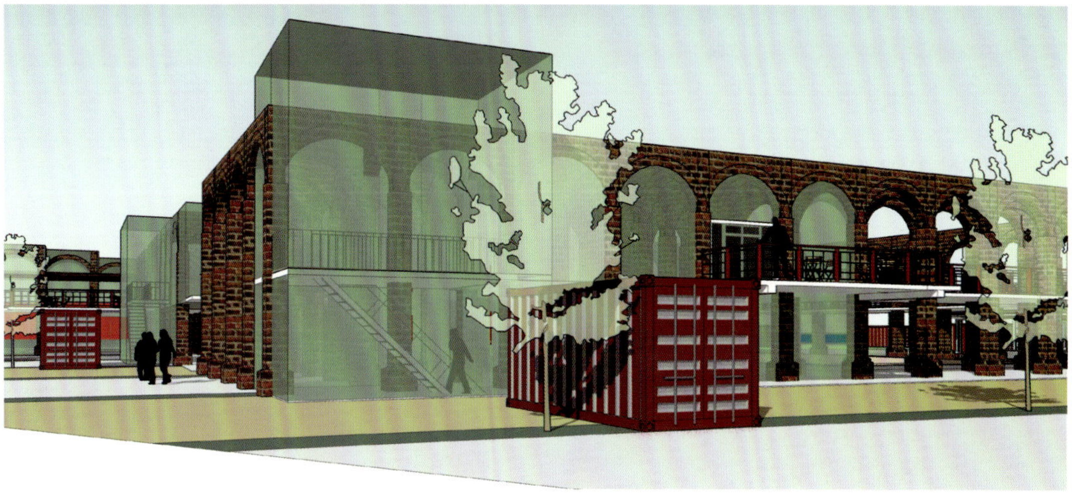

上海普陀科技园规划

设计公司：美国FA设计集团
项目地点：上海市
项目面积：24万平方米

以人为本的理念，需要规划在很大程度上实现"居住－自然－工作－交流－娱乐"的和谐。正是在这样的社会和城市发展背景下，企业园逐渐从工业生产型的基地，发展为研发性的高科技企业为主体的、以创新为生命和以人为本的高技术中心。从单一的生产功能，发展到融工作、生活、娱乐、社区、交流为一体的功能综合体，和自然与人文有机结合的景观综合体。普陀科技园区应该成为一只巨大的科技“蜘蛛”，不断编织知识经济“产业链”。在公共活动中心，科研机构、国家级研发中心、科技公司、创业小公司、风险投资基金、产品检测认证机构、现代服务企业（律师、咨询、会计师事务所等）彼此连接，形成一条完整“生物链”。

创意构思：一流的产、学、研区域，充分体现绿色办公理念；复合型的城市功能集群，使科技面向社会；协调、和谐、优美的城市建筑风貌，提升区域门户形象；自由畅通的景观环境和交通出行，做到真正“以人为本”。上海未来的城市科技生活中心旨在创建一个生态的活力乐园，一个创新的科技领域 ，一个永新的动态系统。

28F
5F
3F
18F
18F
2F
6F
28F
3F
16F
12F
3F
14F
12F
12F
2F
2F
2F
2F
18F
5F
18F
18F
4F
16F
4F
14F
4F
12F
40F
12F
5F
10F
8F
5F
宁
路
中
山
北
路
路
上海超高压输变电公司
108
118
上海中环投资开发(集团)有限公司
上海市普陀区房屋土地管理局
上海市轨道交通公司

Kodak THEATRE

黄山黎阳老街

设计公司：深圳市柏涛环境艺术设计有限公司

项目地点：安徽省黄山市屯溪区黎阳镇，横江、新安江、率水河三江交叉口的西北岸

项目面积：35万平方米

规划概念：

经实地调研，黎阳老街有价值的可保留实体较少，为提升地块的历史感、文化感，我们采用的方式是“保留+移植+创造”：保护修缮有历史价值的古迹及建筑实体，重塑老街的空间形态及规划肌理，以留存人们对这片区域的历史记忆；通过移植的方式，将黎阳老街打造成观赏徽派建筑文化的“展廊”；弘扬徽州地方文化的“博物馆群落”；提炼徽派村落格局、建筑文化的内涵，用现代的设计方式表述。地块景观设计以老街改造为核心，突出徽州本地的历史文化传承，并赋予其新的形象语言：

1．水系的设计是该项目的景观亮点。在景观设计中显示了水系的丰富内涵，将整条水系统分段处理，赋予其不同的水景形态。

2．绿化软景是重要的景观元素。设计中将绿化种植组团化，以竹子作为绿化的基本背景，重点区域选用较大型的移植和保留的古树，强化其历史的延续感。

3．丰富其硬质铺装设计，地块以老街及商业空间为主体，硬铺面积较大，在统一材质和景观感受的同时，运用变化多样的铺装手法，单纯而不单调，增强景观的装饰性效果。

昱西新村
机动车出入口
横江
往城市及屯溪老街
九小
占川河
昱西中学
屯溪一中
往新安江方向
率水
机动车出入口

N
商业
用地红线
D#
用地红线

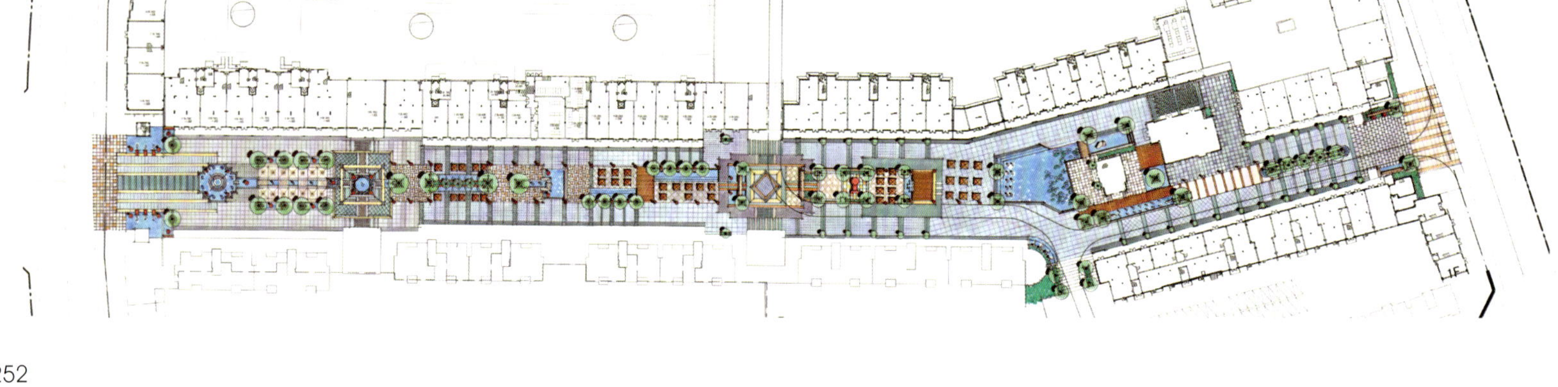
N

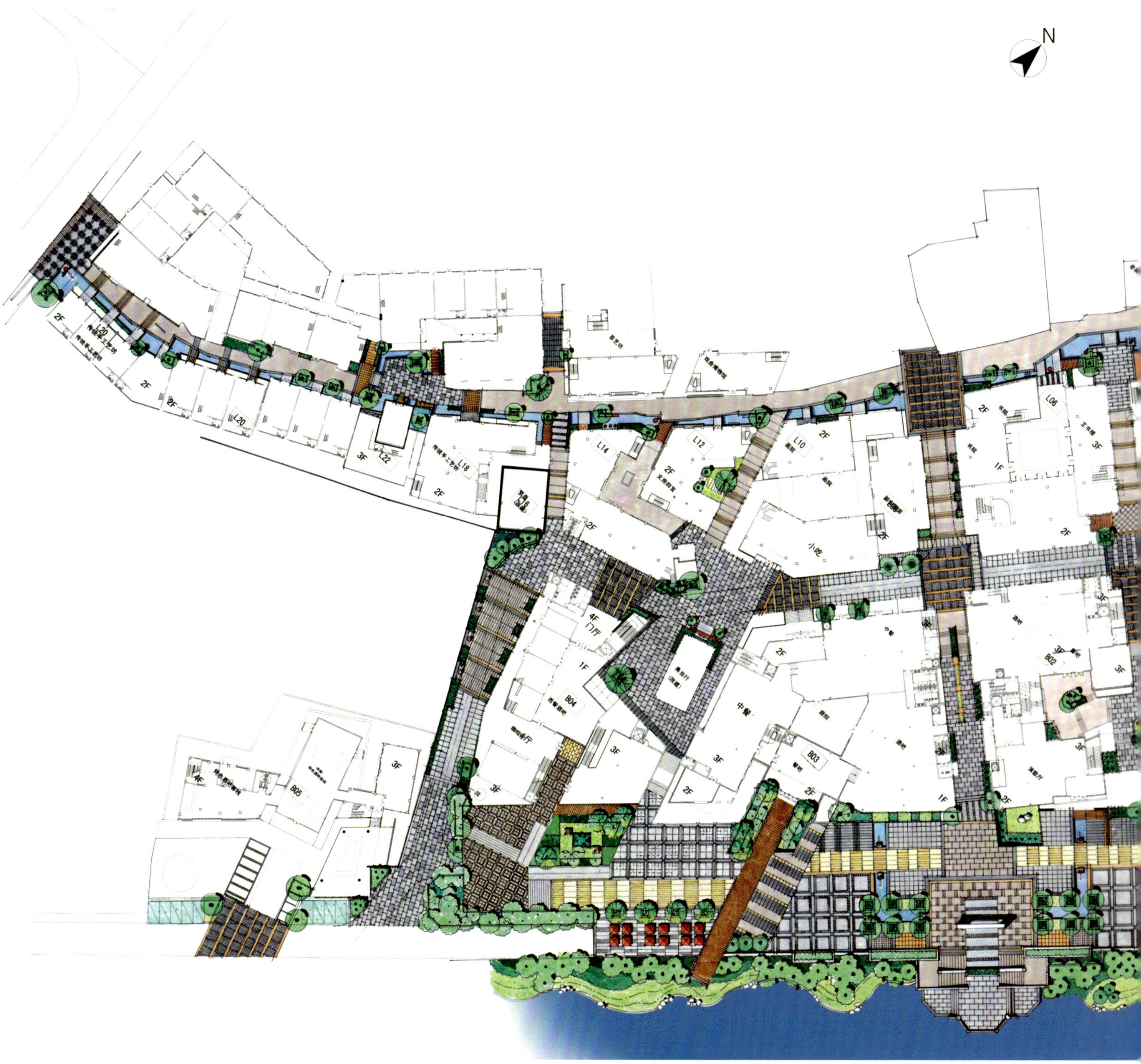
N

投稿单位目录

（以拼音字母为序）

ECOLAND易兰规划设计事务所

ECOLAND易兰作为国际知名规划设计公司，在美国及中国香港、北京设有分支机构，是一支国际化的团队。在具备先进设计理念的同时拥有中国本土建筑工程甲级资质和景观设计资质。主要从事土地规划、城市设计、旅游规划，景观设计及项目设计管理等专业服务。项目类型包括生态系统与生态旅游规划、综合性土地开发规划、城市规划与设计、居住建筑及环境景观设计、公园及娱乐设施规划设计、酒店及旅游度假区规划设计等。

ECOLAND易兰由大批来自北美、欧洲、及中国本土的规划设计精英组成。凭借其国际化的视野、对国内市场运作规律的精准把握、卓越的设计团队、多国项目操作经验以及对中国文化理念的深刻理解，使规划设计充满了活力与创意。在综合运作能力上，能根据项目需求组织规划、建筑、景观、工程、经济、社会学、生态学专业的专家团队，可以胜任来自不同地区各个领域、各种类型的大型综合性项目。设计的项目得到众多客户好评并多次获得国际国内大奖。

ECOLAND易兰在为项目提供一流服务的同时注重生态保护和环境可持续性发展，把生态观念作为企业的职业追求与现实关怀。ECOLAND易兰倡导“大景观”的规划设计理念，强调总体的景观规划设计先行，强调城市规划设计过程中的整体性，消融了以往规划师、建筑师、园林师清晰分割的工作界限，促进城市空间的整体营建和良好环境氛围的形成。

SED新西林景观国际

SED新西林景观国际(Siteline Environment Design Ltd.）具有风景园林工程设计专项乙级资质，是国内最具专业影响力的环境景观规划及设计公司之一，是全球最具权威的美国景观建筑师协会（ASLA）公司会员，欧洲园林建设协会（ELCA）、亚洲园林景观建设国际协会（ALCA）海外理事单位，2005年中国地产峰会“中国十佳园林景观设计机构”，2006BDCI国际最佳景观设计机构，2007中国房地产业最具合作价值专业景观设计公司10强。

2000年开始在大陆开展业务，中国地区总部设在深圳市中心区，2006年在成都设立西南区域办事处。公司由一批来自世界各地的具丰富实践经验的外籍设计师、海归资深设计师及国内设计专家组成。完成项目已遍及北京、深圳、杭州、重庆、成都、南京、武汉等全国30多个省、市、地区。服务客户包括万科金地、中信、招商、华侨城、沿海、蓝光等集团客户及各地政府部门。公司凭借优质、高效、专业的设计和良好的客户服务，受到国内外众多专家及客户一致好评。

公司业务范围包括：居住区环境景观规划及设计，旧城改造或环境整治，城市公共空间及城市绿地规划，公园绿地及旅游区规划设计，环保产业咨询，生态环境评估（EIA）等专业领域，致力于创造、研究、推广高品质的生活和生态环境。

开创未来，勇于创新。公司将秉承实践与研究并重的经营方向，坚持“现代、生态、自然、和谐”的环境设计理念，以丰富的经验和先进的规范管理为客户提供系统、深入和完善的国际化专业服务。

WHITEBOX建筑与景观设计事务所

上海晶体（Whitebox）建筑景观设计事务所，专业从事建筑设计、景观设计、城市规划设计及环境咨询服务。在设计中关注社会效应与项目的联动性，在相互的博弈中寻求最大化的共赢，团队正以它的智慧、感悟、真诚奉献社会。

澳派（澳大利亚）景观规划设计工作室

ASPECT Studios 澳派景观设计工作室涉及的专业领域包括景观设计，城市设计和多媒体制作。

我们的工作室分布在墨尔本、悉尼和上海，由5位总监整合管理各个工作室的项目和运营。

若想对澳派有进一步了解，欢迎下载：公司简介。

我们服务的业主包括各级政府部门、开发商和私人雇主。

我们是设计师，创意师和协作者。

众多的获奖既是对我们设计的肯定，同时也是对我们设计理念的肯定。

坚持可持续发展的生态设计是我们设计中的重点考量，力求为每一个项目寻找最好的设计。

我们对每一个项目都从经济、社会、环境和文化的角度进行分析。

我们是一个协作的团队。协作、讨论、学习、成长，创造机会。

我们同艺术、科学、技术领域的最优秀的专业人士合作。

北京宝佳丰建筑景观规划

英国宝佳丰（BJF）规划景观设计公司有着20多年海内外顶级设计机构的项目及服务经验，来自北美、欧洲工作经历的主设团队，伦敦、卡笛弗、南安普敦及北京等多个分支机构以及几百名设计人员打造最好的景观设计。

北京易德地景景观设计公司

Open Fields Design Studio 我们极力推广“地景式”景观设计理念，解读景观空间设计的广阔内涵。

北京易德地景景观设计是直属于清华大学建筑环境艺术设计研究所，专业从事景观空间设计的环境艺术专业设计研究机构。

公司地处北京市区，目前在国内的项目拓及至北京、上海、广东、广西、深圳、云南、湖南、山东，辽宁、吉林、四川、重庆等地。公司客户群体主要为知名地产开发企业和各级政府。随着经济的飞速发展，城市景观、乡村景观与室内景观艺术设计的要求在不断地提出新的更高的目标，我们一直以此为目标，通过整合国内、国际顶级设计师资源，与优秀大师Rainer pirker成功地设计了多项优秀项目，设计成果得到客户认可，并得到国内外一致好评。

在公司中，我们追求每个设计的卓越性和整体性。我们认为优秀的设计必须是原创，以强烈的责任感和雄厚的技术实力追求设计的完美，以最经典的作品回报中国市场。

北京源树景观规划设计事务所

源树景观（R–land）成立于2004年5月，是北京景观规划设计行业的专业设计机构。其工作范围涵盖了景观规划、公共空间、居住环境、旅游度假、主题设计等多区域设计内容。

源树景观的设计团队中汇集了大量的国内外景观设计精英，其主要设计人员都曾在国内外高水平设计单位中担任重要职务，目前事务所下设六个工作室，设计人员120余名。事务所严格按照国际景观设计标准进行创作，确保了每一项设计作品的品质。

历经数年，源树作品遍及全国，业绩斐然，众多作品均得到各界的广泛认可。

柏涛景观

深圳柏涛环境艺术设计有限公司成立于1999年，是澳大利亚柏涛（墨尔本）建筑设计公司全球机构的成员，并在北京、上海设有分部。公司管理体系健全，管理机制先进，人员高效精干，拥有ISO 9001：2000质量管理体系认证，获得美国ANAB认证标志。

成都景虎景观设计有限公司

LANDHOO（景虎国际），中国景观设计新锐。为客户提供专业化专案项目管理与策划增值服务，全方位的服务涵盖——景观研发、景观规划设计、风景旅游规划、景观产品集成、施工现场跟踪服务等专业领域。“执着于景 敬天爱人”，是景虎国际的设计理念及企业发展哲学，是“景虎出品”（product by LANDHOO!）的永恒精神。敬天，就是敬重自然，遵循天道，强调生态，践行环保；爱人，就是以人为本，以质取胜，尚美外赋，文化内蕴。

景虎国际强调SOP（STANDARD OPERATION PROCESS）理念并致力推行“标准作业流程”的标准模块化管理，包含了景观产品研发、前期专案策划、景观方案设计、景观扩初设计、景观施工图设计、后期施工现场服务、专案全程跟踪服务7大板块。

景虎国际主要技术骨干是由来自城市规划、风景园林、环境艺术、建筑学、生态学等领域的精英组成。凭借着专业的设计理论及丰富的实践经验，景虎赢得了众多项目建设方的一致信任和高度赞誉，得到了业界的一致好评。

近年来，景虎国际发展迅猛，依托景观设计与增值服务的专业特长，景虎国际为开发商提供专业景观策划、景观设计服务，项目涉及四川、重庆、西安、福建、湖南等国内各个省市，凭借独到的研发理念、产品定位、产品设计见解树立了良好的景观设计品牌和企业形象。

“景虎国际”，一步步走来，景虎人秉承着“执着于景，敬天爱人”的理念正在为创建一流的国内景观设计品牌进行不懈努力。

泛亚国际

自从1981年成立以来，EADG（泛亚国际）累积了近30年的国际经验，已被认为是亚洲景观设计业内其中一所最具代表性的事务所。

经过二十多年的发展，EADG（泛亚国际）已在已有的香港阳明山庄的专业水平上，跨过了香港迪斯尼乐园及肩负2008年北京奥运会水上公园及奥运村这种重大项目的设计考验。同时，每个设计师都伴随着中国城市和房地产业的成长，累积了丰富的实际经验。接近300人的泛亚团队运用多年的国际经验，与中国文化深深融合，力求在图纸上把未来描绘得色彩斑斓的同时，更注重通过实际效果的把握，在设计的专业人士共同成长的过程中，将坚持扮演专业化和职业化的景观规划设计角色。

EADG（泛亚国际）将在每一个新的设计历程中，把握客户，督导建设，创建更多独特而美妙的环境作为自己努力的目标。

广州市华誉景观工程设计有限公司

广州市华誉景观工程设计有限公司（华誉景观）是中国最受客户信赖的景观设计公司之一，专业从事景观规划、居住环境、旅游规划设计及景观施工。公司由于不断引进香港贝尔高林、泰国贝尔高林、泛亚国际、ACLA等国际一流机构的设计总监、主创设计师，现已成为华南地区最优秀的景观设计机构之一，并长期服务万科、中海、保利、金地等地产旗舰企业。

广州市太合景观设计有限公司

广州市太合景观设计有限公司是国际级景观大师－美国MBC的中国唯一执行机构。以“源于自然、师法自然、融于自然”为核心思想，以“适合第一，创意第二”为规划原则，率先提出“地产景观” 八大设计理念，在遍布全国的多个项目当中，无一例外地为客户创造了超值的效益，其中许多项目接连获奖，并成为当地以至全国的名盘。太合景观以其独到的规划理念、精细的设计图纸及到位的现场服务，成为享誉全国的“地产景观”设计先锋队伍。

广州土人景观顾问有限公司

广州土人景观顾问有限公司为土人景观在华南的重要设计机构，拥有独特富有进取的团队，面临广大深厚的设计需求。

杭州泛华易盛建筑景观设计咨询有限公司

我们：F&Y(泛华易盛)致力于居住区景观、商务空间景观、公园及旅游环境设计的设计公司，拥有丰富经验的精锐型设计团队。我们一开始就坚持只有做品牌才能使公司走向金字塔顶！每一个项目，哪怕是小项目对我来说也是树立品牌的机会！我们认为除了积极的态度外，最优质的服务就是提供高品质的全程服务。所以我们一贯以严谨理性的原则提供专业优质的服务。把站在客户立场上去设计做为习惯，争取为客户创造最大的效益。

你们：你们是城市的经营者，没有你们的事业，就没有我们的事业。我们很清楚你们在为城市做建设。同时追求效益。有位名人说过：不追求经济效益的企业是不道德的。所以我们要清楚你们的定位投资，期望效果。思你们所想，把资源用在刀锋上，没有你们的严格要求，就没有我们的日新月异。

他们：他们其实就是市场的声音，是城市的主人，也是你们的服务对象，我们为你们服务，但归根到底是为他们服务。我们要调查研究他们的居住理想，生活品味，要明白他们的消费能力，内心向往。我们只有打动他们才能够打动你们。

选择我们的优势：运用更少的资源，创造更多的价值。 我们善于把握地形的特点，凭借科学的分析和长期积累的经验，为客户创造最大化的价值。善于站在你们和他们的角度思维，以主动积极的态度做好每一个环节，选择我们等于选择了放心！

设计效果：我们的设计师是具有深厚的美术功底，能充分运用每一个要素，如：色彩，质感、光浅、空间等。

成本控制：房产项目都是要追求效益的。包括经济效益，社会效应等，房产项目是我们接触较多的项目，我们善于把握市场定位，甲方意图，用有效的资源创造尽可能多的效益。

工程监督：在日益理性化的地产开发进程中，我们深刻理解并挖掘景观设计的作用，达成你们（委托方）与他们（业主）的共赢！

杭州现代机构

现代机构始创于杭州西子湖畔，于1993年成立,注册资金1000万元。业务涵盖用地规划、风景区旅游规划、房产景观、城市广场、滨河绿地、温泉酒店与度假村规划设计、建筑设计、工程指导咨询等多个领域。具有国家旅游局、建设部颁发的旅游规划、园林景观和建筑装饰设计资质。

经过十余年的勤奋耕耘，在旅游规划、景观设计、温泉设计等领域成果卓著，业务分布全国近三十个省份和数百个城市，已成为中国工程设计咨询行业的领先者。

豪斯泰勒 张 思图德建筑设计咨询（上海）有限公司

HZS豪张思成立于2006年，为一所集规划、建筑与景观设计实力于一体的综合性美国设计公司，致力于进一步向我们现有及未来的客户提供优质而完备的设计服务，提供具有开创性的设计解决方案。HZS豪张思团队景观设计员工125名，其全球设计经验及来自越300个项目中所获取的丰富技术施工经验使我们具备了完成重大项目的超凡能力。

荷兰NITA(尼塔)设计集团

荷兰NITA(尼塔)设计集团是由欧洲顶级设计团队联合而成的国际综合设计机构，总部设在荷兰阿姆斯特丹，欧洲共设有六个专项事业部。在大型综合空间、城市环境及主题公园、居住社区、旅游度假与娱乐项目的规划设计方面所展现出的无与伦比的创造能力得到了广泛的认可。NITA汇集了近千名专业设计人员包括资深景观师、管理顾问、规划师、建筑师、工程师及在交通、能源、生态等领域的众多国际专家。

自1999年NITA开始中国昆明园艺博览会的荷兰园设计后，尼塔开始在中国境内开展设计业务；2002年设立中国总部，开始为高速发展的中国全面提供国际领先的景观、规划、建筑、旅游和生态策略的设计服务。

荷兰尼塔设计集团作为上海世博会景观总体控制单位，设计完成了世博公园、白莲泾公园、世博村景观、江南公园项目，以及中国船舶馆（园区最大企业馆）的景观设计。NITA秉承荷兰的先进生态环境理念，依靠荷兰和中国的优秀设计团队组合，积极在各类案例中倡导“GREEN CITY”（绿色城市）理念，并取得了巨大的成功。

加拿大WLK禾力国际设计顾问有限公司

WLK禾力国际是一个国际化的设计机构，北美设计团队联合着具有十二年本土工程实践的中国区落地公司在中国及周边地区开展业务，作品涉及住宅景观、主题公园、城市景观设计等。

加拿大奥雅景观规划设计事务所介绍

“奥雅设计”是一个集城市规划和景观设计的品牌。1999年在 香港成立，十年磨砺，奥雅在用地规划、城市公共空间，绿地系统规划，住宅和商业景观设计、风景区规划与设计，环境提升、旧城改造、度假酒店与度假村、工业与科技园区、景观标识等领域都创造了高质量的充满创意的设计作品。 “奥雅设计”，业已成为一个全程化设计的国际化品牌，成为中国设计界一支迅速上升的令人关注的力量。

“奥雅设计”总部设在深圳，上海公司2003年底成立，2010年成立了奥雅北京公司，共有两百人左右的规模。

目前，奥雅公司已获得由中国住房和城乡建设部颁发的风景园林工程设计专项甲级设计资质。该项资质的获得，使奥雅在市政大型项目的规划和城市设计的能力得到进一步的加强。

奥雅有一支令人骄傲的国际化的设计团队，经过多年的积累，奥雅具备国内顶级的景观规划设计力量，包括来自加拿大、美国 ，澳大利亚、台湾、香港，泰国，菲律宾和本国的建筑师、注册规划师，景观设计师，景观工程师，植物设计师，平面设计师和水电工程师，不同文化和专业的撞击为每个项目和客户提供充满创意的，国际化的以及符合中国当地规范的设计和服务。

奥雅公司作为一家以设计为导向的事务所，已在全国各地完成了百余项大型景观规划和设计项目，并多次在大型政府项目的国际招标中中标。公司获得的多项行业评奖，包括“中国十大景观设计机构”，“中国二十大品牌影响力规划建筑、景观设计公司”，“最有合作价值的景观设计机构”；“中国地标建筑卓越景观设计机构十强”等称号。

奥雅始终致力于绿色，生态和可持续发展的国际理念，在每个项目中都寻求机会修复和保护环境，探索生态设计的技术和方法，提高社会对自然环境和历史文化的敏感性和责任感，并寻求艺术化的语言方式，满足人的精神和心灵的需求，以期创造有灵性的人性化的空间。

加拿大笛东联合（规划设计有限公司）

笛东联合（DDON Associates）是一个具有多年历史的规划设计机构，在温哥华、渥太华、旧金山及北京设有分支机构，提供项目策划、城市规划、城市设计、景观设计、LEED技术等专业服务。

澜德斯国际

澜德斯国际（天津）规划设计有限公司是美国 LANDS 在中国天津注册的亚洲区规划设计机构，主要从事城市规划设计、建筑设计、景观规划设计，以及工程咨询顾问等相关业务，在城市与区域规划、土地利用规划与策划、旅游度假区、城市公共空间、商业区综合开发项目、居住社区环境景观、生态与绿地规划等各领域取得了辉煌的业绩，并得到了广泛的认可。LANDS的规划设计团队，不仅具有难得的国际化背景，同时拥有深厚的中国文化底蕴，能够将国际化标准与地方精神完美融合，充分诠释了“以国际化水准打造中国经典之作，用我们的睿智与激情为客户创造最大价值”的使命，努力打造一个适合中国地域文化的国际化公司。

雷安国际景观设计（北京）有限公司

HLA景观规划设计公司1980年成立于圣克莱蒙托市，2007年北京办事处成立，目前全体职员45人 拥有五个设计团队。我们提供国际顶尖规划设计领域的服务。我们的服务包括：公共设施、商业办公园区和住宅小区等规划设计。公司成立28年来，HLA的核心价值观：卓越的设计+及时的客户服务——保证了我们的稳固发展。我们一直致力于用景观设计的原则来创造积极的变化：改善小区生活，加强邻里交往，促进经济活力，同时维护敏感的自然生态环境。

HLA现有办公地点在美国加州萨克拉门托和中国北京。所有项目的规划、设计和交付都由团队协作完成。HLA的专业人士拥有丰富的相关教育背景和经验，他们均来自于美国，加拿大，欧洲和亚洲最优秀的大学。由公司总裁领导的设计团队确保项目的连续性、设计质量和专注的客户服务。

通过创新的技术和最佳的设计，HLA公司所创造的环境注重生态可持续性、独具设计风格、且高度迎合市场。在可持续性的规划过程中，我们能把场地的挑战转化为创造性的机会，充实景观环境。HLA公司已经荣获美国绿色建筑理事会授予的白金和黄金奖，以及众多其它公共和私营机构的设计和规划奖项。

美国FA设计集团

FA是美国建筑与规划设计行业的优秀企业。我们的目标是成为国际领先的“整体设计”服务机构。我们提供一流的质量和完善的服务，致力于让城市成为为人们提供优异生态环境和促进人类经济持续和谐发展的理想之地。

普梵思洛（亚洲）景观规划设计事务所

普梵思洛（亚洲）景观规划设计事务所(Professional Landscape Architecture Studios.）由美国景观设计师协会资深会员联合中国景观资深人士创立，是国内最具发展潜力、创新意识和国际视野的景观品牌设计平台机构，首创国内6S景观行业服务标准，是亚洲园林景观建设国际协会(ALCA)、美国景观建筑师协会(ASLA)、澳大利亚景观设计师协会（AILA）、新加坡景观设计师协会（SILA）会员，中国《国际新景观》理事单位。

设计团队成员有来自美国、英国、澳大利亚、新加坡、菲律宾的外籍设计总监及国内优秀景观品牌设计机构一线设计总监、技术总监及各专业主控资深景观设计师，核心专业团队在国内外一线品牌设计机构均至少有8年以上项目丰富实践操作经验。

设计师曾服务客户包括万科、招商、中海、世茂、华润、华侨城、卓越、五矿、水电、蓝光、金科、阳光、中天、百仕、卓信、置地、深城投、广汇、荣和、正荣、碧园、亿达等全国知名地产集团，设计师作品遍及全国30多个城市地区。

上海唯美景观设计工程有限公司

唯美设计机构包括唯美景观设计及圣安唯美高尔夫设计两部分。唯美景观是一家专注于景观设计、高尔夫景观设计及相关工程的专业性公司。公司具有风景园林乙级资质及工程三级资质，同时公司主创人员具有国际高尔夫场地管理及注册建筑师资格证书。唯美景观向客户提供从景观概念设计至施工图设计、现场施工指导及工程的全过程服务。主创设计团队，将高尔夫水系、地形设计理念完美溶入景观设计中，结合城市规划与园林植物专业背景，将国际先进设计理念与中国地域文化完美结合，定制高端景观领地，营造户外梦想生活。

深圳市华域新实践国际景观设计有限公司

在经历了在建筑设计、景观设计及城市规划方面跨越十数年的创造性工作后，2007年华域实践作为独立设计机构成立于中国设计之都深圳和香港。并根据公司发展及市场需求，于2008年成立了景观设计专业性公司，深圳市华域新实践国际景观设计有限公司。在亲历了建筑学、景观建筑学在中国的发展及其日渐人心的社会作用后，华域实践将建筑设计、景观设计和城市规划确定为其核心设计活动。

根植于对设计事业日趋国际化，中国建筑市场逐步开放的现实意义的深刻理解，华域实践致力于寻找一种能表达中国社会活动特征的表意方式和创造途径，并将之树立为设计实践活动的根本导引。

ANTO岩涛景观设计有限公司

Anto旨在解决一些在我们这个时代面临的最大挑战：生态的崩溃，老化的基础设施，以及巨大的人口增长。

Anto致力通过景观设计，城市设计和规划给我们的环境提供积极的改变。我们提倡艺术创造以转变我们的环境空间。我们的业务涉及一系列空间尺度：区域系统，城市广场，区域公园，和私家花园。

Anto创造永恒的空间和艺术以提供令人难忘的环境来满足客户的目标。

深圳源创易景观设计有限公司

公司致力于在更多，更广的设计服务范畴为甲方公司做更好的设计及更好的配合。

公司核心设计人员素质优良，有着在深圳景观一线品牌公司多年的服务经验，本着打造精致景观作品的设计宗旨服务甲方。

深圳源创易景观设计有限公司(Ucla Landscape Archiecture Studios.)是具有发展潜力、创新意识的景观品牌设计机构，主要致力于住宅社区和商业开发项目园林景观设计、城市公共空间及城市绿地设计，公园绿地，旧城改造或环境整治，专业景观咨询服务。

设计团队成员有来自国内顶尖景观品牌设计机构一线设计总监、各专业主控资深景观设计师，在各品牌设计机构均至少有5年以上项目丰富实践操作经验。设计师作品遍及全国多个城市，设计师曾服务万科、金地、沿海、荣和、华润、龙湖等全国知名地产集团。

“勇于创新，用心服务”是我们的核心服务宗旨，凭借好的景观方案，加上可操作性强的扩初设计及严谨的施工图设计，再结合优质的现场施工配合服务，形成良好的现场展示效果是我们公司的最终目标。

田园景观

田园景观公司由田园景观设计公司、田园景观工程公司和田园景观苗木基地构成。自成立以来，以艺术源于自然、自然融入生活为公司理念，以创建美好生活空间为己任，博采众长，业已成为北方园林和景观建设的品牌公司。

田园景观设计公司成立于2003年，拥有乙级风景园林设计资质，专业化股份制公司。现拥有五个独立工作室、方案室、表现工作室、水电结构工作室等共四十余名专业设计师。这支设计团队包括园林设计师、规划师、建筑师、艺术设计师、土木工程设计师、给排水设计师、电气工程师、园林工程造价师及支持人员，能够提供从规设计至现场指导的全程服务。

- 居住区景观规划设计
- 主题公园景观规划设计
- 城市滨水景观规划设计
- 城市绿地景观规划设计
- 高科技园区、工业园区
- 景观规划设计
- 风景名胜区景观规划设计
- 私家庭院设计

香港阿特森泛华建筑规划与景观设计有限公司

香港阿特森泛华建筑规划与景观设计有限公司作为专业的景观设计团队，我们遵从对项目的承诺，以及客户至上的服务原则，并凭借着一个由境外设计师、归国留学人员及国内设计师组成的精英团队，致力于将客户的需求扎根于基地自然环境和城市文脉，开展生动的、具有唯一性的设计工作，以实现客户的特定目标。同时通过对项目预算、设计进度的娴熟把握，以及领域最新技术的运用，使设计不断的超越，确保向客户提供具有卓越品质和成本效益优化的设计作品。

阿特森泛华在实践中不断完善企业人员框架及管理体系，形成了“一体化”的项目运营体系，从项目前期定位（项目建筑规划建议及景观发展定位）、景观设计、成本控制、施工现场服务四个方面，进行全方位的设计掌控。并通过“一体化”项目运营体系的实施，有力的保证了景观与规划建筑设计的融合及设计图纸的质量，成功避免了业界常见的设计图纸深度不够、预算成本难以控制，以及由此产生的无法按设计理念实施的诸多问题，最终实现设计目标。

公司景观业务涉及范围：项目分析、城市设计、景观规划设计、居住区景观、商业办公区景观、城市公共景观、旅游度假景观。

香港美林国际

香港美林国际景观设计有限公司长期专注于高端别墅区、五星级以上酒店、度假村、高尔夫、私人俱乐部和高端城市住宅区等高端景观设计。与中海地产、卓越地产、香港中渝置地、西安天朗地产等知名地产商建立了合作伙伴关系。同时，为加强与中国市场的联系，公司于2004年在深圳成立景观设计分支机构——深圳市美林苑景观设计师事务所，2008年在成都成立了第二家全资子公司——成都美瑞林景观设计师事务所，目前已跻身于设计行业的前沿。

艺普得（上海）城市设计咨询有限公司

Integrated Planning and Design Inc.，简称“iPD”，艺普得（上海）城市设计咨询有限公司，分别在美国旧金山、上海、深圳设立了办事处，公司的领导层和设计团队均具有丰富的国际工作经验和业内领先的设计理念，参与过的项目分布于美洲、澳洲以及东南亚地区（尤其是中国）。从大尺度项目规划到小尺度的项目细部设计，涵盖的主要项目类型包括：区域规划类、公共空间类、休闲娱乐类、私属空间类生态保育类、度假设施类、环境修复和改造类等。

我们坚信具有高品质的景观环境需要通过与规划设计相关的多专业的设计整合过程才能创造而成。我们的目标就是通过各专业设计人员的整合协作，以优秀的职业化团队服务于客户的各类项目中，从而为客户提供包括建筑、景观、环保、经济等综合性专业规划和设计服务。

月门景观

HANCS景观设计联合事务所（上海月门景观设计咨询有限公司）成立于2002年，专业从事景观规划和景观设计，为国际知名的日商日亚高野景观在国内的关联会社，是一家技术力量雄厚，管理完善的设计公司。专业的设计水平和良好的后期服务，使公司在景观设计行业中稳步发展，公司重视每一个设计细节，秉承将自然、艺术、人为活动相结合的理念为客户提供更完善更优质的服务。

经营范围：

景观规划及设计（住宅小区、别墅、市政、风景区、公园绿地、度假酒店、商业广场等）、别墅花园设计、私家庭院设计